Saubhagyalaxmi Singh

ESTUDO SOBRE A FIABILIDADE POSBISTA TEORIA DA FIABILIDADE E SUAS APLICAÇÕES

Saubhagyalaxmi Singh

ESTUDO SOBRE A FIABILIDADE POSBISTA TEORIA DA FIABILIDADE E SUAS APLICAÇÕES

ScienciaScripts

Imprint

Any brand names and product names mentioned in this book are subject to trademark, brand or patent protection and are trademarks or registered trademarks of their respective holders. The use of brand names, product names, common names, trade names, product descriptions etc. even without a particular marking in this work is in no way to be construed to mean that such names may be regarded as unrestricted in respect of trademark and brand protection legislation and could thus be used by anyone.

Cover image: www.ingimage.com

This book is a translation from the original published under ISBN 978-620-6-77401-3.

Publisher:
Sciencia Scripts
is a trademark of
Dodo Books Indian Ocean Ltd. and OmniScriptum S.R.L publishing group

120 High Road, East Finchley, London, N2 9ED, United Kingdom
Str. Armeneasca 28/1, office 1, Chisinau MD-2012, Republic of Moldova, Europe
Printed at: see last page
ISBN: 978-620-8-01929-7

CAPÍTULO-1

INTRODUÇÃO À TEORIA DOS CONJUNTOS DIFUSOS

[O conteúdo deste capítulo foi recolhido da teoria dos conjuntos difusos
por H-J. Ziemermann[1980]]

INTRODUÇÃO

1.1 A maior parte das nossas ferramentas tradicionais de modelação, raciocínio e computação formais são de carácter nítido, determinístico e preciso. Por "nítidas" entende-se dicotómicas, ou seja, do tipo "sim ou não" e não do tipo "mais ou menos". Na lógica dual convencional, por exemplo, uma afirmação pode ser verdadeira ou falsa e nada mais. Na teoria dos conjuntos, um elemento pode pertencer a um conjunto ou não; e na otimização, uma solução pode ser viável ou não. A precisão pressupõe que os parâmetros de um modelo representam exatamente a nossa perceção do fenómeno modelado ou as caraterísticas do sistema real que foi modelado. Em geral, a precisão também implica que o modelo é inequívoco, ou seja, que não contém ambiguidades.

A certeza acaba por indicar que assumimos que as estruturas e os parâmetros do modelo são definitivamente conhecidos e que não existem dúvidas quanto aos seus valores ou à sua ocorrência. Se o modelo em causa for um modelo formal [Zimmermann 1980], ou seja, se não pretender modelar adequadamente a realidade, então os pressupostos do modelo são, de certa forma, arbitrários, isto é, o construtor do modelo pode decidir livremente quais as caraterísticas do modelo que escolhe. Se, no entanto, o modelo ou a teoria se afirma como sendo factual [Popper 1959, Zimmermann 1980], ou seja, as conclusões retiradas destes modelos têm uma relação com a realidade e é suposto modelarem adequadamente a realidade, então a linguagem de modelação tem de ser adequada para modelar adequadamente as caraterísticas da situação em estudo.

A importância absoluta da linguagem de modelação é reconhecida por [Apostel 1961], quando diz :

Nas ciências empíricas, a relação entre as linguagens formais e os domínios em que estas têm modelos deve necessariamente ser orientada por duas considerações que não são de modo algum tão importantes nas ciências formais:

(a) A relação entre a língua e o domínio deve ser mais estreita porque, de certa forma, são produzidos através e para o outro.

(b) As extensões dos formalismos e dos modelos devem necessariamente ser consideradas porque tudo o que é introduzido permite progredir na descrição dos objectos estudados. Por isso, devemos dizer que a formalização do conceito de aproximação construtiva é uma satisfação necessária na tarefa principal do estudo semântico dos modelos nas ciências empíricas.[Apostel 1961]

Uma vez que exigem que uma linguagem de modelação seja, por um lado, inequívoca e não redundante e, por outro lado, que capte semanticamente nos seus termos tudo o que é importante e relevante para o modelo, parecem ter o seguinte problema. O pensamento e o sentimento humanos, nos quais se formam ideias, imagens e sistemas de valores, têm certamente mais conceitos ou compressões do que a nossa linguagem quotidiana tem palavras. Se considerarmos, além disso, que para um certo número de noções são utilizadas várias palavras (sinónimos), então torna-se bastante óbvio que o poder (no sentido da teoria dos conjuntos) do nosso pensamento e sentimento é muito superior ao poder da linguagem viva. Se, por sua vez, compararmos o poder de uma linguagem viva com o da linguagem lógica, verificamos que a lógica é ainda mais pobre. Por conseguinte, parece ser impossível garantir um mapeamento de um para um dos problemas e sistemas na nossa imaginação e um modelo utilizando uma linguagem matemática ou lógica.

Poder-se-ia objetar que os símbolos lógicos podem ser arbitrariamente preenchidos com conteúdos semânticos e que, ao fazê-lo, a linguagem lógica se torna muito mais rica. Mostrar-se-á que é muitas vezes extremamente difícil atribuir adequadamente conteúdos semânticos a símbolos lógicos.

A utilidade da linguagem matemática para fins de modelação é incontestável. No entanto, existem limites à utilidade e à possibilidade de utilizar a linguagem matemática clássica, baseada no carácter dicotómico da teoria dos conjuntos, para modelar sistemas e fenómenos específicos das ciências sociais:

"Não há nenhuma ideia ou proposição no domínio que não possa ser colocada em linguagem matemática, embora se possa duvidar da utilidade de o fazer" [Brand 1961]. [Schwarz 1962] apresenta um outro argumento contra o uso irrefletido da matemática, quando afirma: "Um argumento, que só é convincente se for apresentado em linguagem matemática, pode ser duvidoso": "Um argumento, que só é convincente se for preciso, perde toda a sua força se as hipóteses em que se baseia forem ligeiramente alteradas, ao passo que um argumento, que é convincente mas impreciso, pode muito bem ser estável sob pequenas perturbações dos seus axiomas subjacentes." Para modelos factuais ou linguagens de modelação, surgem duas grandes complicações:

1. Muitas vezes, as situações reais não são nítidas e deterministas e não podem ser descritas com exatidão.

2. A descrição completa de um sistema real exigiria frequentemente dados muito mais pormenorizados do que um ser humano poderia reconhecer simultaneamente, processar e compreender.

Esta situação já foi reconhecida por pensadores no passado. Em 1923, o filósofo [B. Russell 1923] referiu-se ao primeiro ponto quando escreveu:

Toda a lógica tradicional parte habitualmente do princípio de que estão a ser utilizados símbolos precisos. Por conseguinte, não é aplicável a esta vida terrestre, mas apenas a uma existência celestial imaginada.

[L. Zadeh 1973] referiu-se ao segundo ponto quando escreveu: "À medida que a complexidade de um sistema aumenta, a nossa capacidade de fazer afirmações precisas e, ao mesmo tempo, significativas sobre o seu comportamento diminui até que se atinge um limiar para além do qual a precisão e a significância (ou relevância) se tornam caraterísticas quase mutuamente exclusivas."

Voltemos a considerar as caraterísticas dos sistemas do mundo real: As situações reais são muitas vezes incertas ou vagas em vários aspectos. Devido à falta de informação, o estado futuro do sistema pode não ser completamente conhecido. Este tipo de incerteza (carácter estocástico) tem sido tratado de forma adequada pela teoria das probabilidades e pela estatística. Esta probabilidade de tipo Kolomogor off é essencialmente frequentista e baseia-se em considerações de teoria dos conjuntos. A probabilidade de Koop refere-se à verdade das afirmações e, por conseguinte, baseia-se na lógica. Em ambos os tipos de abordagens probabilísticas, assume-se, no entanto, que os acontecimentos (elementos do conjunto) das afirmações, respetivamente, estão bem definidos. Chamam a este tipo de incerteza ou imprecisão *incerteza estocástica*, em contraste com a imprecisão relativa à descrição do significado semântico dos próprios acontecimentos, fenómenos ou afirmações, a que chamam *imprecisão*.

A imprecisão pode ser encontrada em muitas áreas da vida quotidiana, como na engenharia [Blockley 1980], na medicina [Vila e Delgado 1983], na meteorologia [Cao e Chen 1983], na indústria [Mamdani 1981], entre outras. É, no entanto, particularmente frequente em todos os domínios em que o julgamento, a avaliação e as decisões humanas são importantes. Estes são os domínios da tomada de decisões, da aprendizagem do raciocínio, etc. Algumas razões para este facto já foram mencionadas. Outras prendem-se com o facto de a maior parte da nossa comunicação quotidiana utilizar "línguas naturais" e de uma boa parte do nosso pensamento ser feito nelas. Nestas línguas naturais, o significado das palavras é muitas vezes vago.

1.2 Teoria dos conjuntos difusos

As primeiras publicações sobre a teoria dos conjuntos difusos por [Zadeh 1965] e [Goguen1967, 1969] mostram a intenção dos autores de generalizar a noção clássica de um conjunto e de uma proposição (afirmação) para acomodar a imprecisão no sentido descrito no ponto 1.1. [Zadeh 1965] escreve: "A noção de conjunto difuso fornece um ponto de partida conveniente para a construção de um quadro concetual que é paralelo, em muitos aspectos, aos quadros utilizados no caso dos conjuntos ordinários, mas é mais geral do que estes últimos e, potencialmente, pode vir a ter um âmbito de aplicação muito mais vasto, particularmente nos domínios da classificação de padrões e do processamento de informação. Essencialmente, este quadro proporciona uma forma natural de lidar com problemas em que a fonte de imprecisão é a ausência de critérios bem definidos de pertença a uma classe e não a presença de variáveis aleatórias."

A "imprecisão" é aqui entendida no sentido de imprecisão e não de falta de conhecimento sobre o valor de um parâmetro, como na análise de tolerância. A teoria dos conjuntos difusos fornece um quadro matemático rigoroso (não há nada de difuso na teoria dos conjuntos difusos!) no qual os fenómenos conceptuais vagos podem ser estudados de forma precisa e rigorosa. Pode também ser considerada como uma linguagem de modelização adequada a situações em que existem relações, critérios e fenómenos difusos.

Até à data, o carácter difuso não foi definido semanticamente de forma única e provavelmente nunca o será. Terá significados diferentes, consoante o domínio de aplicação e a forma como é medido. Entretanto, muitos autores contribuíram para esta teoria. Em 1984, já existiam cerca de 4000 publicações. A especialização dessas publicações pode aumentar, tornando cada vez mais difícil para os recém-chegados a esta área encontrar uma boa entrada e compreender e apreciar a filosofia, o formalismo e o potencial de aplicação desta teoria. Em termos gerais, a teoria dos conjuntos difusos desenvolveu-se nas últimas duas décadas segundo duas linhas:

1. Como uma teoria formal que, ao amadurecer, se tornou mais sofisticada e especificada e foi alargada por ideias e conceitos originais, bem como por "abraçar" áreas matemáticas clássicas como a álgebra, a teoria dos grafos, a topologia, etc., generalizando-as (fuzzyfying).

2. Como uma "tecnologia difusa" orientada para aplicações, ou seja, como uma ferramenta para modelização, resolução de problemas e extração de

dados que se revelou superior aos métodos existentes em muitos casos e como um complemento atrativo às abordagens clássicas noutros casos.

1.3 TEORIA MATEMÁTICA E DADOS EMPÍRICOS

Definições e operações básicas

Um conjunto clássico (nítido) é normalmente definido como uma coleção de elementos ou objectos $x \in X$ que pode ser finito, contável ou sobrecontável. Cada elemento individual pode pertencer ou não pertencer ou não pertencer a um conjunto $A, A \subseteq X$.

No primeiro caso, a afirmação "x pertence a A" é verdadeira, enquanto no segundo caso essa afirmação é falsa.

Um conjunto clássico deste tipo pode ser descrito de diferentes formas: é possível enumerar (listar) os elementos que pertencem ao conjunto; descrever o conjunto analiticamente, por exemplo, estabelecendo condições de pertença $\left(A = \{x \mid x \leq 5\} \right)$; ou definir os elementos membros utilizando a função caraterística, em que 1 indica pertença e 0 não pertença. Para um conjunto difuso, a função caraterística permite vários graus de pertença para os elementos de um determinado conjunto.

Definição 1

Se X é uma coleção de objectos designados genericamente por x, então um conjunto difuso A em X é um conjunto de pares ordenados:

$$A = \left\{ \left(x, \mu_A(x) \mid x \in X \right) \right\} \tag{1}$$

$\mu_A(x)$ é designada por função de filiação (função caraterística generalizada) que mapeia X para o espaço de filiação M. O seu intervalo é o subconjunto dos números reais não negativos cujo supremo é finito. Para $\sup \mu_A(x) = 1$: conjunto fuzzy normalizado.

Na definição 1, a função de pertença do conjunto difuso é uma função estanque (de valor real). [Zadeh 1965] também definiu um conjunto difuso em que as próprias funções de pertinência são conjuntos difusos. Esses conjuntos podem ser definidos da seguinte forma:

Definição-2

Um conjunto difuso de tipo m é um conjunto difuso cujos valores de associação são conjuntos difusos de tipo m-1, $m > 1$, em [0,1].

Uma vez que o fim da fuzzificação na fase $r \leq m$ parece arbitrário ou difícil de justificar, [Hirota 1981] definiu um conjunto difuso cuja função de pertença é uma distribuição de probabilidade pontual: o conjunto probabilístico.

Definição-3

Um conjunto probabilístico A em X é definido pela definição da função μ_A ,

$$\mu_A : X \times \Omega \in (x, \omega) \to \mu_A(x, \omega) \in \Omega_C \tag{2}$$

e $(\Omega_C, B_C) = [0,1]$ são conjuntos Borel.

Definição-4

Uma variável linguística é caracterizada por um quintuplo $(x, T(x), U, G, M)$ em que x é o nome da variável, T(x) (ou simplesmente T) denota o conjunto de termos de x, ou seja, o conjunto dos nomes dos valores linguísticos de x. Cada um destes valores é uma variável fuzzy, denotada genericamente por X e abrangendo um universo de discurso U que está associado à variável de base u ; G é uma regra sintáctica (que tem geralmente a forma de uma gramática) para gerar o nome, X, dos valores de x. M é uma regra semântica para associar a cada X o seu significado. $M(X)$ é um subconjunto fuzzy de U. Um determinado X, ou seja, um nome gerado por G, é designado por termo.

Definição-5

Um número fuzzy M é um conjunto fuzzy normalizado convexo M da reta real R tal que

1. É exatamente um $x_0 \in R, \mu_M(x_0) = 1$ (x_0 é chamado o valor médio de M).

2. $\mu_M(x)$ é contínua por partes.

[Dubois e Prade 1979] definiram os números difusos LR da seguinte forma:

Definição-6

Um número fuzzy M é do tipo LR se existirem funções de referência L (para a esquerda) e R (para a direita) e escalares $\sigma > 0, \beta > 0$, com

$$\mu_M(x) = L\left(\frac{m-x}{\alpha}\right) \text{ for } x \leq m$$

$$= R\left(\frac{x-m}{\beta}\right) \text{ for } x \geq m$$

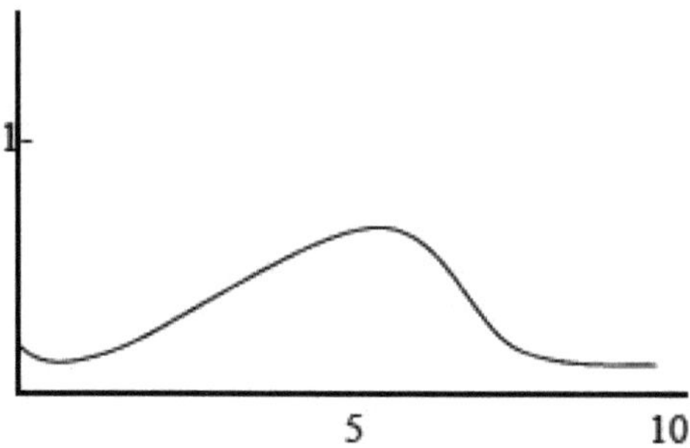

(Esta figura representa a representação LR- de um número difuso)

Algumas outras definições úteis são as seguintes:

Definição-7

O suporte de um conjunto difuso A ,$S(A)$ é o conjunto de todos os $x \in X$ de tal forma que $\mu_M(x)$ >0.

O conjunto de elementos que pertencem ao conjunto difuso A pelo menos até ao grau α é designado por conjunto de nível α .

$A_\alpha = \{x \in X \mid \mu_A > \alpha\}$ é designado por "strong α level set" ou "strong α cut".

Definição-8

Um conjunto fuzzy A é convexo se

$$\mu_A\left(\lambda x_1 + (1-\lambda)x_2\right) \geq \min\left\{\mu_A(x_1), \mu_A(x_2)\right\},$$
$$x_1, x_2 \in X, \lambda \in [0,1]$$

Em alternativa, um conjunto fuzzy é convexo se todos os conjuntos de α níveis forem convexos.

Definição-9

Para um conjunto fuzzy finito A, a cardinalidade $|A|$ é definida como

$$|A| = \sum_{x \in X} \mu_A(x)$$
$$\|A\| = \frac{|A|}{|X|}$$

é chamada a cardinalidade relativa de A.

Operações em ConjuntosFuzzy

Na sua primeira publicação [Zadeh 1965] definiu as seguintes operações para os conjuntos difusos como uma generalização dos conjuntos e das afirmações nítidas (neste caso, as operações de intersecção, união e complemento da teoria dos conjuntos correspondem aos operadores lógicos e, inclusive ou e negação):

Definição 10

Intersecção (lógica e): a função de pertença da intersecção de dois conjuntos difusos A e B é definida como :

$$\mu_{A \cap B}(x) = Min\left(\mu_A(x), \mu_B(x)\right), \forall x \in X$$

Definição 11

União (exclusiva ou): a função de filiação da união de dois conjuntos difusos A e B é definida como :

$$\mu_{A \cup B}(x) = Max\left(\mu_A(x), \mu_B(x)\right), \forall x \in X$$

Definição 12

Complemento (negação): a função de afiliação do complemento é definida como:

$$\mu_{\bar{A}}(x) = 1 - \mu_A(x), \forall x \in X$$

Estas definições foram posteriormente alargadas. A "lógica e" (intersecção) também pode ser modelada como uma t-norm e a "exclusiva ou" (união) como uma t-conorm. Ambos os tipos são monotónicos, comutativos e associativos.

(1a) produto drástico:

$$t_w\left(\mu_A(x), \mu_B(x)\right) = \begin{cases} \min\{\mu_A(x), \mu_B(x)\} & \text{if } \max\{\mu_A(x), \mu_B(x)\} = 1 \\ 0 & \text{otherwise} \end{cases}$$

(1b) soma drástica:

$$s_w\left(\mu_A(x), \mu_B(x)\right) = \begin{cases} \max\{\mu_A(x), \mu_B(x)\} & \text{if } \min\{\mu_A(x), \mu_B(x)\} = 0 \\ 1 & \text{otherwise} \end{cases}$$

(2a) diferença limitada:

$$t_1\left(\mu_A(x), \mu_B(x)\right) = \max\{0, \mu_A(x) + \mu_B(x) - 1\}$$

(2b) soma limitada:

$$s_1\big(\mu_A(x),\mu_B(x)\big)=\min\big\{1,\mu_A(x)+\mu_B(x)\big\}\ .$$

(3a) Produto de Einstein:

$$t_{1.5}\big(\mu_A(x),\mu_B(x)\big)=\frac{\mu_A(x).\mu_B(x)}{2-[\mu_A(x)+\mu_B(x)-\mu_A(x).\mu_B(x)]}\ .$$

(3b) Soma de Einstein:

$$s_{1.5}\big(\mu_A(x),\mu_B(x)\big)=\frac{\mu_A(x)+\mu_B(x)}{1+\mu_A(x).\mu_B(x)}\ .$$

(4a) Produto Hamacher:

$$t_{2.5}\big(\mu_A(x),\mu_B(x)\big)=\frac{\mu_A(x).\mu_B(x)}{\mu_A(x)+\mu_B(x)-\mu_A(x).\mu_B(x)}$$

(4b) Hamacher sum:

$$s_{2.5}\big(\mu_A(x),\mu_B(x)\big)=\frac{\mu_A(x)+\mu_B(x)-2\mu_A(x).\mu_B(x)}{1-\mu_A(x).\mu_B(x)}\ .$$

(5a) mínimo :

$$t_3\big(\mu_A(x),\mu_B(x)\big)=\min\big\{\mu_A(x),\mu_B(x)\big\}$$

(5b) máximo:

$$s_3\big(\mu_A(x),\mu_B(x)\big)=\max\big\{\mu_A(x),\mu_B(x)\big\}\ .$$

Estes operadores são ordenados da seguinte forma:

$$t_w \le t_1 \le t_{1.5} \le t_2 \le t_{2.5} \le t_3$$
$$s_w \le s_{2.5} \le s_2 \le s_{1.5} \le s_1 \le s_w\ .$$

Also foi definido um conjunto de operadores parametrizados, tais como

1. Sindicato Hamacher:

$$\mu_{A\cup B}(x) = \frac{(\gamma'-1)\mu_B(x) + \mu_A(x) + \mu_B(x)}{1 + \gamma'\mu_A(x)\mu_B(x)} \ .$$

2. Intersecção Yager:[1997, 1993]

$$\mu_{A\cap B}(x) = 1 - \min\left\{\left(1,(1-\mu_A(x))^p + (1-\mu_B(x))^p\right)^{1/p}\right\}, p \geq 1$$

3. Sindicato Yager:

$$\mu_{A\cap B}(x) = \min\left\{\left(\mu_A(x)^p\right) + \left(\mu_B(x)^p\right)^{1/p}\right\}, p \geq 1 \ .$$

4. Cruzamento de Dubois ePrade :

$$\mu_{A\cap B}(x) = \frac{\mu_A(x).\mu_B(x)}{\max\left\{\mu_A(x),\mu_B(x),\alpha\right\}}, \alpha \in [0,1] \ .$$

5. União:

$$\mu_{A\cup B}(x) = \frac{\mu_A(x) + \mu_B(x) - \mu_A(x).\mu_B(x) - \min\left\{\mu_A(x),\mu_B(x),(1-\alpha)\right\}}{\max\left\{(1-\mu_A(x)),(1-\mu_B(x)),\alpha\right\}} \ .$$

Finalmente, definiu-se uma classe de "operadores de média" que não têm as propriedades matemáticas das t-normas e t-conormas. A justificação destes operadores será dada na secção "*Provas empíricas*". Dois dos mais conhecidos são os dois seguintes:

Definição 13

A compensação e o operador são definidos do seguinte modo

$$\mu_{A_i,comp}(x) = \left(\prod_{i=1}^{m}\mu_i(x)\right)^{(1-\gamma)}\left(1 - \prod_{i=1}^{m}(1-\mu_i(x))\right)^{\gamma} \ .$$

$x \in X \leq \gamma \leq 1$

Com efeito, cada combinação convexa de uma t-norm com a respectiva t-conorm poderia ser utilizada como operador de média.

Definição 14

An *OWA*-Operador é definido do seguinte modo

$$\mu_{OWA}(x) = \sum_j w_i \mu_j(x)$$

Em que $w = \{w_1, ..., w_n\}$ é um vetor de peso w_i with $w_i \in [0,1]$ and $\sum_i w_i = 1$.

$\mu_j(x)$ é ojth maior valor de filiação para um elemento x para o qual o grau de filiação (agregado) deve ser determinado. O raciocínio subjacente a este operador está novamente na observação de que, para uma agregação "e" (modelada, por exemplo, pelo operador "min"), o menor grau de afiliação é crucial, enquanto que para uma agregação "ou" (modelada por "max") o maior grau de afiliação de um elemento em todos os conjuntos difusos deve ser agregado. Por conseguinte, um aspeto básico deste operador é a etapa de reordenação. Em particular, o grau de pertença de um elemento num conjunto difuso não está associado a um peso específico. Em vez disso, um peso está associado a uma determinada posição ordenada de um grau de pertença no conjunto ordenado de graus de pertença relevantes.

O princípio da extensão

Um dos conceitos mais básicos da teoria dos conjuntos difusos, que pode ser utilizado para generalizar conceitos matemáticos para conjuntos difusos, é o princípio da extensão. Na sua forma elementar, este princípio já estava implícito na primeira contribuição de Zadeh. Entretanto, foram sugeridas modificações. Seguindo Zadeh e Dubois ePrade[1973,1982], definemd o princípio da extensão da seguinte forma:

Definição 15

Let X seja um produto cartesiano de universos $X = X_1 \times ... \times X_r, and\ A_1,...,A_r$ sejam r conjuntos difusos em $X_1,...,X_r$, respetivamente. f é um mapeamento de X para o universo Y, $y = f(x_1,...,x_r)$.

Então, o princípio da extensão permite-nos definir um conjunto difuso B em Y por

$$B = \left\{ (y, \mu_B(y)) \mid y = f(x_1,...,x_r), (x_1,...,x_r) \in X \right\}$$

Where

$$\mu_B(y) = \begin{cases} \sup_{(x_1,...,x_r) \in f^{-1}(y)} \min\left\{ \mu_{A_1}(x_1),...,\mu_{A_r}(x_r) \right\} & if\ f^{-1}(y) \neq 0 \\ 0 & \text{otherwise} \end{cases}$$

Em que f^{-1} é o inverso of f.

Fou r=1, o princípio da extensão reduz-se, evidentemente, a

$$B = f(A) = \left\{ (y, \mu_B(y)) \mid y = f(x), x \in X \right\}$$

Where

$$\mu_B(y) = \begin{cases} \sup_{x \in f^{-1}(y)} \min\left\{ \mu_{A_1}(x) \right\} & if\ f^{-1}(y) \neq 0 \\ 0 & \text{otherwise} \end{cases}$$

Relações e gráficos difusos

As relações difusas são conjuntos difusos no espaço do produto.

Definição 16

Let $X, Y \subseteq R$ sejam conjuntos universais, então

$$R = \left\{ \left((x,y), \mu_R(x,y) \right) \mid (x,y) \subseteq X \times Y \right\}.$$

Chama-se uma relação fuzzy em $X \times Y$.

Exemplo 1

Let $X=Y=R$ and $R :=$ "consideravelmente maior do que".

A função de afiliação da relação difusa, que é, obviamente, um conjunto difuso em $X \times Y$, pode então ser

$$\mu_R(x,y) = \begin{cases} 0 & \text{for } x \leq y \\ \dfrac{x-y}{10y} & \text{for } y < x \leq 11y \\ 1 & \text{for } x > 11y \end{cases}.$$

Uma função de afiliação diferente para esta relação poderia ser

$$\mu_R(x,y) = \begin{cases} 0 & \text{for } x \leq y \\ \left(1 + (y-x)^{-2}\right)^{-1} & \text{for } x > y \end{cases}.$$

Para suportes discretos, a relação difusa pode também ser definida por matrizes. Foi definido um grande número de tipos diferentes de relações difusas. A título de exemplo, apenas se definirá aqui um tipo de relação de semelhança.

Definição 17

Uma relação difusa que é reflexiva, simétrica e transitiva é designada por relação de semelhança.

Uma relação fuzzy $R(x \circ x)$ é designada por

Reflexivo se $\mu_R(x,x)=1$,

Simétrico se $\mu_R(x,y)=\mu_R(y,x)$,

$$\left.\begin{array}{l}\max-\min \\ \textit{transitive}\end{array}\right\} \qquad if\ \mu_{R \circ R} \leq \mu_R(x,Y)\ .$$

Definição 18

Composição máximo-mínimo: sejam $R_1(x,y), (x,y) \in X \times Y\, and\, R_2(y,z), (y,z) \in Y \times Z$ duas relações de conjuntos difusos. A composição máximo-mínimo $R_1 \max-\min R_2$ is é então o conjunto fuzzy

$$R_1 \circ R_2 = \left\{ \left[(x,z), \max_y \left\{ \min \left\{ \mu_{R_1}(x,y), \mu_{R_2}(y,z) \right\} \right\} \right] \mid x \in X, y \in Y, z \in Z \right\}\ .$$

$\mu_{R_1 \circ R_2}$ é novamente a função de pertença de uma relação difusa em conjuntos difusos.

A "contrapartida" das relações de semelhança são as relações de ordem ou relações de preferência, que se diferenciam ainda em pré-ordens difusas, ordens totais difusas ou ordens totais estritas difusas, que são particularmente utilizadas na análise multicritério e na teoria das preferências. As relações difusas podem também ser consideradas como representando grafos difusos. Sejam os elementos das relações difusas, tal como definidos na definição 16, os nós de um grafo difuso que é representado pela relação difusa. Os graus de pertença dos elementos dos conjuntos fuzzy relacionados definem a "força" de

ou o fluxo nos respectivos nós do grafo, enquanto os graus de pertença dos pares correspondentes na relação são os "fluxos" ou as "capacidades" das arestas. A teoria dos grafos difusos tornou-se, entretanto, uma área alargada da matemática (difusa).

Análise Fuzzy

Uma função difusa é uma generalização do conceito de função clássica. Uma função clássica f é um mapeamento (correspondência) do domínio D da definição da função para um espaço S; $f(D) \subseteq S$ designado por intervalo de f.

Diferentes caraterísticas do conceito clássico de função podem ser consideradas difusas em vez de nítidas. Por conseguinte, são concebíveis diferentes "graus" de fuzzificação da noção clássica de função:

1. Pode haver um mapeamento nítido a partir de um conjunto difuso que transporta o carácter difuso do domínio e, por conseguinte, gera um conjunto difuso. A imagem de um argumento estaladiço seria novamente estaladiça.

2. O mapeamento em si pode ser difuso, esbatendo assim a imagem de um argumento nítido. Este fenómeno é normalmente designado por *função*

difusa. Dubois e Prade [1982] chamam-lhe "função de fuzzificação".

3. As funções ordinárias podem ter propriedades ou ser limitadas por restrições difusas.

Particularmente para o Caso 2, foram sugeridas definições para noções clássicas de análise, tais como, extremos de funções difusas, integração de funções difusas sobre um intervalo estanque, integração de uma função estanque sobre um intervalo difuso, diferenciação difusa, etc. Exceder-se-ia o âmbito deste estudo para descrever uma grande parte delas com mais pormenor.

Evidência empírica

Até à data, os conjuntos difusos e as suas extensões e operações foram considerados como conceitos formais que não necessitam de ser comprovados pela realidade. Se, no entanto, os conceitos difusos forem utilizados, por exemplo, para modelar a linguagem humana, é necessário garantir que os conceitos modelam efetivamente o que um ser humano diz ou pensa. É preciso, por outras palavras, "extrair".

Pensamentos do cérebro humano e compará-los com as ferramentas e conceitos de modelação. Trata-se de um problema de psicolinguística. Bellman e Zadeh[1970] sugeriram no seu artigo que o 'e' pelo qual, numa decisão, as funções objetivo e as restrições são combinadas pode ser modelado pela intersecção dos respectivos conjuntos difusos e modelado matematicamente por 'min' ou pelo produto. A interpretação de uma decisão como a intersecção de conjuntos difusos não implica qualquer compensação positiva (trade-off) entre os graus de pertença dos conjuntos difusos em questão, se for utilizado o mínimo ou o produto como operador.

Cada um deles produz graus de pertença do conjunto difuso resultante (decisão) que são iguais ou inferiores ao grau de pertença mais baixo de todos os conjuntos difusos que se intersectam. Isto também é verdade se for utilizada qualquer outra norma t para modelar a intersecção ou os operadores, que não são normas t, mas que mapeiam abaixo do operador min. Note-se que, de facto, existem situações de decisão em que essa "compensação negativa" (ou seja, mapeamento abaixo do mínimo) é adequada. A interpretação de uma decisão como a união de conjuntos difusos, utilizando o operador máximo, conduz ao grau máximo de adesão alcançado por qualquer dos conjuntos difusos que representam objectivos ou restrições.

Isto equivale a uma compensação total dos graus inferiores de associação pelo grau máximo de associação. No entanto, não resultará qualquer associação que seja maior do que o maior grau de associação de qualquer um dos conjuntos difusos envolvidos. Observando as decisões de gestão, verifica-se que quase não existem decisões sem compensação entre os diferentes graus de realização dos objectivos ou os graus em que as restrições limitam o âmbito das decisões.

Pode argumentar-se que as tendências compensatórias na agregação humana são responsáveis pelo insucesso de alguns operadores clássicos (mínimo, produto, máximo) em investigações empíricas. É provável que se possam tirar as seguintes conclusões: nem as t-normas nem as t-conormas podem, por si só, cobrir o âmbito do comportamento humano de agregação. É muito improvável que um único operador não paramétrico possa modelar adequadamente o significado do contexto "e" ou "ou" de forma independente, ou seja, para todas as pessoas, em qualquer altura e em cada contexto. Parece haver três maneiras de remediar esta fraqueza das normas-t e das normas-t: é possível definir normas-t dependentes de parâmetros ou normas-t que cubram com os seus parâmetros o âmbito de algumas das normas não paramétricas e possam, por conseguinte, ser adaptadas ao contexto. Uma segunda forma consiste em combinar t-normas e as respectivas t-conormas, cobrindo assim também o intervalo entre t-normas e t-conormas (que pode ser designado por intervalo de compensação positiva parcial). A desvantagem é que, em geral, algumas das propriedades úteis das t-normas e s-normas se perdem. A terceira via consiste, eventualmente, em conceber operadores que não sejam nem t-normas nem t-conormas, mas que modelem bem contextos específicos.

As validações empíricas dos operadores sugeridos são muito escassas. Os operadores "min", "produto", "média geométrica" e o operador γ foram testados empiricamente e verificou-se que o operador γ modela o "linguístico e", que se situa entre o "lógico e" e o "lógico exclusivo ou", da melhor forma e em função do contexto.

É a combinação convexa do produto (como uma norma t) e da soma algébrica generalizada (como uma norma t). Além disso, também se pode mostrar que este operador é injetivo pontual, contínuo, monótono, comutativo e de acordo com a lógica das tabelas de verdade.

CONCLUSÃO

Desde a sua criação em 1965, como generalização da lógica dual e/ou da teoria clássica dos conjuntos, tem vindo a evoluir para uma poderosa teoria matemática. Em mais de 30.000 publicações, tem sido aplicada a muitas áreas matemáticas, tais como álgebra, análise, agrupamento, teoria do controlo, teoria dos grafos, teoria da medida, otimização, investigação operacional, topologia, etc. Além disso, isoladamente ou em combinação com abordagens clássicas, tem sido aplicada na prática em várias disciplinas, tais como controlo, processamento de dados, apoio à decisão, engenharia, gestão, logística, medicina e outras. É particularmente adequada como "ponte" entre a linguagem natural e os modelos formais e para a modelação de incertezas não estocásticas.

CAPÍTULO 2

VARIÁVEIS DIFUSAS

[O conteúdo deste capítulo foi recolhido de Fuzzy Variables

por Steven NAHAMIAS[1978]]

INTRODUÇÃO

Há uma consciência crescente de que muitas classes de problemas apresentam um tipo de imprecisão que é distinto da aleatoriedade. O problema da classificação de padrões foi apresentado como o primeiro exemplo de uma situação difusa e não aleatória por Bellman, Kalaba e Zadeh [1967]. A noção de conjunto difuso foi introduzida por Zadeh [1967], que o definiu como uma função caraterística generalizada, ou seja, uma função que varia uniformemente entre zero e um, em vez de assumir apenas os dois valores de zero e um. Os valores intermédios dão graus de pertença. Exemplos típicos de conjuntos difusos são o conjunto de números em torno de 5 ou o conjunto de homens jovens.

Foram dados passos consideráveis na clarificação do conceito de fuzziness e na identificação das suas principais propriedades. Embora existam muitos trabalhadores neste domínio, deve ser atribuído ao professor Zadeh o crédito pela maior parte do trabalho concetual fundamental nesta área. No entanto, parece ainda não existir uma teoria axiomática satisfatória para descrever a imprecisão. O objetivo do presente estudo é sugerir uma possível estrutura teórica a partir da qual se possa construir uma teoria rigorosa. A estrutura considerada é uma analogia direta com o modelo de espaço amostral da teoria das probabilidades.

Alguns dos conceitos aqui introduzidos têm pouca atração intuitiva. Tentarão justificar o nosso método mostrando que certas definições actuais podem ser obtidas como resultados derivados do nosso modelo e que, além disso, os novos resultados aqui obtidos conduzem a interpretações fisicamente credíveis.

Talvez uma das consequências mais interessantes da nossa analogia seja o facto de conduzir a uma nova definição de um conjunto difuso, a que chamaremos variável difusa. A variável difusa desempenha no nosso modelo o mesmo papel que a variável aleatória na probabilidade.

O termo variável difusa foi também utilizado por outros. Kaufmann [1965] parece ter sido o primeiro a utilizar este termo como uma generalização do conceito de variável booleana.

2 - O espaço do padrão

Seja Γ um espaço abstrato de elementos genéricos $\gamma \in \Gamma$. A construção efectiva de Γ dependerá do problema específico que está a ser modelado, da mesma forma que a construção do espaço de amostragem em probabilidade depende da experiência aleatória específica. Por exemplo, se estiverem a lidar com um problema de reconhecimento de caracteres, então Γ incluiria todos os símbolos possíveis que podem ser encontrados. Se estivessem a considerar a opinião subjectiva de um indivíduo, então Γ representaria todos os possíveis estados de pensamento desse indivíduo.

Chamar-se-á Γ ao espaço de padrões devido à importância do problema do reconhecimento de padrões no desenvolvimento do conceito de fuzziness.

Suponhamos que G é a topologia discreta sobre Γ (isto é, a classe de todos os subconjuntos de Γ). Uma escala σ, definida em G, satisfaz os seguintes axiomas:

(i) $\sigma(\phi) = 0, \sigma(\Gamma) = 1$;

(ii) para qualquer coleção arbitrária de conjuntos A_α em G (finitos, contáveis ou incontáveis),

$$\sigma\left(\bigcup_\alpha A_\alpha\right) = \sup_\alpha \sigma(A_\alpha) \quad .$$

A escala pode ser pensada como a atribuição inicial de um grau de pertença a cada ponto do espaço de padrões. Então, a escala associada a qualquer conjunto $A \in G$ é meramente o grau de filiação mais forte dos pontos que compõem A. O axioma (i) é incluído para garantir que há pelo menos um ponto em Γ com grau de filiação 1. Os resultados seguintes são consequências diretas de (i) e (ii):

Definição-2.7

A função de pertença de uma variável difusa X, denotada por μ_X, é um mapeamento de R para o intervalo unitário $[0,1]$ e é dada por

$$\mu_X(x) = \sigma\{\gamma : X(\gamma) = x\} \qquad , \qquad \text{para} \qquad \text{todos} \qquad \text{os}$$

$x \in R.$ Note that $\sup_x \mu_X(x) = \sigma\{\bigcup_x (\gamma : X(\gamma) = x)\} = \sigma(\Gamma) = 1$

No que se segue, utilizar-se-á a notação mais breve $\{X = x\}$ para designar o subconjunto $\{\gamma : X(\gamma) = x\}$ of g.

A abordagem clássica tem sido definir um conjunto fuzzy como a coleção de pares ordenados $(x, \mu(x))$. Esta é apenas uma outra forma de dizer que um conjunto difuso é definido como a sua função de associação. Essencialmente, o que eles fizeram foi substituir a definição de um conjunto difuso em R como um mapeamento na linha (a função de associação) por um mapeamento para a linha (a variável difusa). Demonstrarão que, em muitos aspectos, a nossa definição é muito mais consistente do que a original.

O leitor que tem seguido atentamente a nossa analogia com o conceito de espaço amostral em probabilidade verá uma diferença importante na forma como se obtém a densidade de probabilidade de uma variável aleatória (é a densidade e não a distribuição que é análoga à função de filiação). Em probabilidade, a distribuição é definida num anel de conjuntos na linha (ou seja, conjuntos da forma $[-\infty, x]$) que determina de forma única uma probabilidade nos conjuntos de Borel.

A densidade é então obtida como a derivada. No entanto, no modelo fuzzy, devido à natureza da operação de supremo, a escala, σ , não é determinada exclusivamente pela sua extensão aos conjuntos da forma ($[-\infty, x]$) . Assim, a função de filiação deve ser obtida diretamente através da extensão σ aos conjuntos de ponto único. Para tratar de conjuntos deste tipo em R , é necessário considerar uniões incontáveis . Assim, vêem que não seria apropriado definir g como σ - álgebra. A analogia completa está resumida na Tabela -1.

A fim de dar crédito à nossa abordagem, demonstrarão como as definições existentes podem ser obtidas como resultados derivados utilizando o ponto de vista do espaço de padrões. Para além disso, desenvolvem novos resultados relativos a somas de variáveis difusas que conduzem a consequências intuitivamente plausíveis. Será também apresentado um exemplo que reforça a afirmação de que um modelo Fuzzy, em vez de aleatório, é mais apropriado para modelar a subjetividade.

Transformação de variáveis fuzzy

Suponha-se que g é uma função de valor real definida na reta , e suponha-se ainda que X é uma variável difusa definida num espaço de padrões (Γ, g, σ) . Segue-se que $g(x) : \Gamma \to R$.

Quadro 1

Teoria das probabilidades	Teoria difusa
Espaço de amostragem Ω	Espaço padrão Γ

σ – algebra of events, f	Discrete topology of subsets, g
Probabilidade P definida em F (um tipo especial de medida)	escala σ definida em g(um tipo especial de capacidade)
Independente de eventos $$P(A \cap B) = P(A).P(B)$$	não-relacionamento de conjuntos $$\sigma(A \cap B) = \min\big(\sigma(A),\sigma(B)\big)$$
União de uma coleção contável de conjuntos disjuntos $$P\left(\bigcup_{i=1}^{\infty} A^i\right) = \sum_{i=1}^{\infty} P(A_i)$$	união de uma coleção arbitrária de conjuntos $$\sigma\left(\bigcup_{\alpha} A_{\alpha}\right) = \sup_{\alpha}\sigma(A_{\alpha})$$
Variável aleatória: função mensurável de valor real em Ω	Variável difusa: função de valor real em Γ
A distribuição de probabilidade é obtida como a extensão de P aos conjuntos de Borel na linha. A densidade de probabilidade é a derivada da função de distribuição.	A função de associação é obtida como a extensão de σ para conjuntos de pontos únicos na linha.

E ainda que $\{g(X) = x\} \subset g$ uma vez que podemos escrever

$$\{g(X) = x\} = \bigcup_{u \in g^{-1}(x)} \{X = u\},$$

Onde a notação à direita deve ser interpretada como a união de todos os conjuntos $\{X = u\}$ tais que $g(u) = x$.

Daqui se conclui que g(X) é uma variável difusa em (Γ, g, σ) e obtêm-se

$$
\mu_{g(X)}(x) = \sigma\{g(X) = x\} = \sigma\left\{\bigcup_{u \in g^{-1}(x)} \{X = u\}\right\}
$$
$$
= \sup_{u \in g^{-1}(x)} \sigma\{X = u\} = \sup_{u \in g^{-1}(x)} \mu_X(u)
$$

Que é exatamente a definição de transformação de um conjunto difuso dada por Zadeh[1965] no seu trabalho original. Não é de todo claro como se pode justificar esta definição quando se define um conjunto difuso como a sua função de filiação.

Se g for invertível , obtém-se a expressão simples

$$
\mu_{g(X)}(x) = \mu_X\left(g^{-1}(x)\right).
$$

Soma das variáveis difusas

Suponha-se que X e Y são duas variáveis difusas definidas em (Γ, g, σ) . Diz-se que X e Y não estão relacionadas se $\{X = x\}$ e $\{Y = y\}$ forem conjuntos não relacionados para todo $x, y \in R$.

Estão interessados na variável difusa $Z = X + Y$. O conceito de somas de variáveis difusas é completamente distinto do conceito de uniões de conjuntos difusos. Como exemplo simples, suponhamos que $X = \{\text{set of numbers around } 5\}$ e $Y = \{\text{set of numbers around } 15\}$. A união destes conjuntos difusos, tal como definida por Zadeh[1965], corresponderia ao conjunto de números em torno de 5 ou em torno de 15. No entanto, a nossa utilização da palavra "e" é num sentido aritmético, $Z = X + Y$ corresponderia à variável difusa = {conjunto de números à volta de 20}.

Obtêm o seguinte resultado:

Teorema 5.1

$$\mu_z(z) = \sup_x \min\left(\mu_X(x), \mu_Y(z-x)\right)$$

Prova.

$$\mu_z(z) = \sigma\{X + Y = z\} = \sigma\{(X + Y = z) \cap \Gamma\},$$
$$= \sigma\left\{(X + Y = z) \cap \left(\bigcup_x (X = x)\right)\right\}'$$
$$= \sigma\left\{\bigcup_x (X = x, X + Y = z)\right\} = \sup\{X = x, Y = z - x\},$$
$$= \sup_x \min\left(\{X = x\}, \sigma\{Y = z - x\}\right),$$
$$= \sup_x \min\left(\mu_X(x), \mu_Y(z-x)\right)$$

A operação descrita no Teorema 4.1 é análoga à convolução de densidades de probabilidade. Como notação conveniente, escrever-se-á $\mu_{X+Y} = \mu_X * \mu_Y$.

Tratada como uma operação sobre funções de associação, a operação * é comunicativa, associativa e possui uma identidade (a função de associação da variável Fuzzy que é identicamente 0). Por conseguinte, as variáveis Fuzzy não relacionadas formam um semi-grupo sob adição.

O resultado do Teorema 5.1 também pode ser obtido aplicando o chamado "princípio da extensão". No entanto, a nossa contribuição reside no facto de terem conseguido obter μ_z como um resultado derivado do modelo de espaço de padrões.

Para ver que o cálculo dado no Teorema 5.1 conduz a uma função de afiliação extremamente razoável para a soma, suponhamos que X e Y são dados como {conjunto de números à volta de 5} e {conjunto de números à volta de 15} respetivamente, com as seguintes funções de afiliação (subjectivas):

$$\mu_X(x) = \begin{cases} x/5 & \text{for } 0 \le x \le 5, \\ (10-x)/5 & \text{for } 5 \le x \le 10, \\ 0 & \text{otherwise,} \end{cases}$$

$$\mu_Y(y) = \begin{cases} (y-10)/5 & \text{for } 10 \le y \le 15, \\ (20-y)/5 & \text{for } 15 \le x \le 20, \\ 0 & \text{otherwise,} \end{cases}$$

Obtém-se agora a função de filiação para $Z = X + Y$ como

$$\mu_Z(z) = \begin{cases} (z-10)/10 & \text{for } 10 \le z \le 20, \\ (30-z)/10 & \text{for } 20 \le z \le 30, \\ 0 & \text{otherwise,} \end{cases}$$

Estas funções de filiação estão representadas na figura 1. Note-se que μ_z é uma função de filiação extremamente possível para a variável difusa {conjunto de números à volta de 20} e, além disso, preserva a forma de μ_X e μ_Y .

(Isto não é verdade em probabilidade, uma vez que a convolução de duas densidades de probabilidade triangulares não será triangular).

Outro ponto importante é que $\mu_X * \mu_Y$ não é uma operação pontual em μ_X

E μ_Y . Muitas das operações binárias definidas na literatura resultam apenas em operações pontuais sobre as funções de associação (tais como as definições originais de uniões e intersecções de conjuntos difusos que não são obtidas como consequência do nosso modelo).

Em certos casos, a interpretação física de $X + Y$ pode não ser imediatamente aparente. Por exemplo, se X={conjunto de números aproximadamente no intervalo (2,6)} e Y={conjunto de números maiores do que 5}, então $X + Y$ corresponderia aproximadamente a {conjunto de números maiores do que aqueles que estão aproximadamente no intervalo (7,11)}.

As funções de associação podem também ser derivadas de forma semelhante para outras operações binárias em variáveis Fuzzy não relacionadas. Alguns exemplos são :

$$\mu_{X-Y}(z) = \sup_{x} \min(\mu_X(x), \mu_Y(z+x)), \qquad (1)$$

$$\mu_{X-Y}(z) = \sup_{x} \min(\mu_X(x), \mu_Y(z/x)), \qquad (2)$$

$$\mu_{X/Y}(z) = \sup_{x} \min(\mu_X(x), \mu_Y(z/x)) \qquad (3)$$

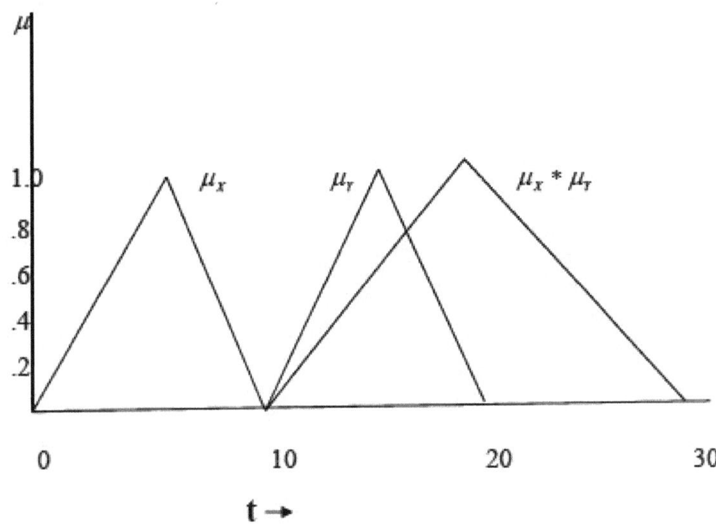

5. Famílias de variáveis difusas

O conceito de somas de variáveis difusas desempenhará um papel importante na teoria geral e, exceto, também nas aplicações. Para funções de filiação contínuas, a operação descrita no Teorema 4.1 será difícil de efetuar. Nesta secção, serão identificadas duas famílias de funções de filiação para variáveis difusas do tipo {conjunto de números ≈ t} (onde ≈ significa aproximadamente igual a) que são fechadas sob a operação.

Definição 5.1

Uma variável difusa X é da classe normal (ou, mais resumidamente, é apenas normal) se, para algumas constantes a e b

$$\mu_X(x) = \exp\left(-\left((x-a)/b\right)^2\right) \ for -\infty < x < +\infty \ .$$

Aqui $X=\{conjunto$ de números $\approx$ a$\}$ com b fornecendo o grau de imprecisão de $\approx$. A forma é obviamente sugerida pela função de densidade normal. Obtêm o seguinte resultado:

Teorema 5.2

Sejam X e Y variáveis fuzzy normais com os respectivos parâmetros (a_1, b_1) e (a_2, b_2) respetivamente. Então $Z=X+Y$ é uma variável fuzzy normal com parâmetros $(a_1 + a_2, b_1 + b_2)$.

Prova .

Suponha-se, sem perda de generalidade, que $a_2 > a_1 \ and \ b_2 > b_1$. Do Teorema 4.1:

$$\mu_Z(z) = \sup\left(\min\left(\mu_X(x), \mu_Y(z-x)\right)\right) \ .$$

Seja $g_z(x) = \min\left(\mu_X(x), \mu_Y(z-x)\right)$.

Em função de x, $g_z(x)$ é unimodal e atinge o seu máximo (e, por conseguinte, o seu supremo) em $x^*(z)$ resolução:

$$\mu_X\left(x^*(z)\right) = \mu_Y\left(z - x^*(z)\right) \ ,$$

O que dá $x^*(z)$ que satisfaz a equação quadrática:

$$\left[\left(x^*(z) - a_1\right)/b_1\right]^2 = \left[\left(z - x^*(z) - a_2\right)/b_2\right]^2 \ .$$

As soluções obtidas a partir da fórmula quadrática são:

$$x^*(z) = \left(b_2^2 - b_1^2\right)^{-1} \cdot \left\{a_1 b_2^2 - (z - a_2).b_1^2 \pm b_1 b_2 .(z - a_1 - a_2)\right\} \ .$$

Uma vez que $\mu_Z(z) = \mu_X\left(x^*(z)\right) = \exp\left\{-\left(x^*(z) - a_1\right)/b_1^2\right\}$ podemos substituir alternativamente as raízes positivas e negativas de $x^*(z)$.

Substituindo a raiz positiva obtém-se (após simplificação)

$$\mu_X^+\left(x^*(z)\right)=\exp\left\{-\left(b_2-b_1\right)^{-1}\left(z-a_1-a_2\right)^2\right\}$$

e substituindo a raiz negativa

$$\mu_X^-\left(x^*(z)\right)=\exp\left\{-\left(b_2+b_1\right)^{-1}\left(z-a_1-a_2\right)^2\right\} \ .$$

Uma vez que $b_1>0$ e $b_2>b_1$, $\mu_X^-\left(x^*(z)\right)>\mu_X^+\left(x^*(z)\right)$ e o supremo é atingido na raiz negativa. Assim

$$\mu_Z(z)=\exp\left\{-\left(b_2+b_1\right)^{-1}\left(z-a_1-a_2\right)^2\right\} \ .$$

Há uma propriedade extremamente interessante exibida por este resultado. O termo b é muito parecido com o desvio padrão de uma variável aleatória normal. É bem sabido que quando se adicionam variáveis aleatórias não correlacionadas, as variâncias são aditivas. No entanto, quando se adicionam variáveis difusas normais, os termos de desvio padrão são aditivos.

O verdadeiro significado deste resultado é o facto de apresentar uma diferença fisicamente verificável entre aleatoriedade e imprecisão que pode, em última análise, sugerir uma metodologia completa para testar se um modelo probabilístico ou um modelo difuso é mais adequado num determinado contexto.

Seja X uma variável fuzzy normal com parâmetros a and b and $\alpha\neq0$ um escalar. Agora $g(X)=\alpha X$ tem uma função de membro

$$\begin{aligned}\mu_{g(X)}(x)&=\mu_X(x/\alpha)=\exp\left(-(x/\alpha-a)/b^2\right)\\&=\exp\left(-(x-a\alpha)/b\alpha^2\right)\end{aligned}\quad,$$

Assim, $g(X)$ é uma variável fuzzy normal com parâmetros αa e αb .

Portanto, eles têm o seguinte:

Corolário 5.3.

Sejam $(X_1,...,X_n)$ variáveis difusas normais não relacionadas com os parâmetros $(a_1,b_1),...,(a_n,b_n)\,and\,(\alpha_1,...,\alpha_n)$ escalares não nulos. Então

$Z = \sum_{i=1}^{n} \alpha_i X_i$ é uma variável fuzzy normal com parâmetros $\sum_{i=1}^{n} \alpha_i a_i$ and $\sum_{i=1}^{n} \alpha_i b_i$.

Em certas aplicações, o intervalo da variável difusa adequada pode ser limitado à meia linha positiva. Nesses casos, seria mais adequada uma classe de funções de membro cujo suporte R^+ . Considerar

$$\mu_X(x) = (x/\lambda r)^r \exp(r - x/\lambda) \qquad for\ x \ge 0,$$
$$= 0 \qquad for\ x < 0$$

Qual seria uma função de membro adequada para $X=\{conjunto$ de números negativos $\approx \lambda r$ }. A forma é obtida tomando uma densidade gama e dividindo pelo seu valor modal. Por esta razão, diz-se que as variáveis difusas com esta função de afiliação pertencem à família gama com o parâmetro λ (r é tratado como uma constante fixa).

A seguir, têm o seguinte:

Teorema 5.4

Suponha-se que $X_1,...,X_n$ são variáveis difusas não relacionadas pertencentes à família gama com parâmetros $\lambda_1,...,\lambda_n$. Se $(\alpha_1,...,\alpha_n)$ são escalares não nulos, então $Z = \sum_{i=1}^{n} \alpha_i X_i$ é também um membro da família gama com parâmetro $\sum_{i=1}^{n} \alpha_i \lambda_i$.

Prova.

Considere $Z = X_1 + X_2$. Em seguida,

$$\mu_Z\left(z = \sup_x \min\left(\mu_{X_1}(x), \mu_{X_2}(z-x)\right)\right) = \sup_x \left(g_z(x)\right) .$$

Tal como na prova do Teorema 5.2 $g_z(x)$ atinge o seu supremo em $x^*(z)$ resolvendo

$$\mu_{X_1}\left(x^*(z)\right) = \mu_{X_2}\left(z - x^*(z)\right) ,$$

O que resulta na equação transcendental

$$\left(\frac{x^*(z)}{\lambda_1 r}\right)^r \exp\left(r - \frac{x^*(z)}{\lambda_1}\right) = \left(\frac{z - x^*(z)}{\lambda_2 r}\right)^r .\exp\left(r - \left[\frac{z - x^*(z)}{\lambda_2}\right]\right)$$

O que é evidentemente equivalente à equação mais simples

$$\frac{x^*(z)}{\lambda_1} = \frac{z - x^*(z)}{\lambda_2} .$$

Qual o rendimento

$$x^*(z) = \lambda_1 z / (\lambda_1 + \lambda_2)$$

E

$$\mu_Z(z) = \mu_{X_1}\left(x^*(z)\right) = \left(\frac{z}{(\lambda_1 + \lambda_2).r}\right)^r .\exp\left(r - z / (\lambda_1 + \lambda_2)\right) \ .$$

Por indução, se $Z = \sum_{i=1}^{n} X_i$, então Z é um membro da família gama com o

parâmetro $\sum_{i=1}^{n} \lambda_i$.

Suponhamos que $Z = \alpha_1 X_1$. Então viram imediatamente que Z é um membro da família gama com o parâmetro $\alpha_1 \lambda_1$ uma vez que

$$\mu_{X_1}(x / \alpha_1) = \left(\frac{x}{\alpha_1 \lambda_1 r}\right)^r .\exp\left(r - \frac{x}{\alpha_1 \lambda_1}\right) \ .$$

O resultado é o seguinte.

Mais uma vez, observaram uma propriedade semelhante à exibida pelas variáveis difusas normais, nomeadamente que os termos da densidade de probabilidade gama que corresponderiam ao desvio-padrão são aditivos, em vez dos termos correspondentes às variâncias como na probabilidade. Uma variável aleatória que tenha a distribuição gama com parâmetros λ e r teria um desvio padrão $\lambda\sqrt{r}$, enquanto a convolução de n variáveis aleatórias deste tipo teria um desvio padrão $\lambda\sqrt{nr}$. O termo correspondente para a soma de n variáveis difusas da classe gama seria $n\lambda\sqrt{r}$. Parece razoável conjeturar que as somas de variáveis difusas apresentam uma propriedade semelhante para outros tipos de funções de filiação.

6. um modelo matemático de opinião de grupo

O objetivo desta secção é duplo. Em primeiro lugar, pretendemos apresentar um exemplo concreto de como se pode efetivamente utilizar a imprecisão para fins de modelização e, em segundo lugar, mostrar como a variável imprecisa do modelo e os resultados subsequentes obtidos conduzem a alguns resultados muito intuitivamente apelativos no contexto de um problema real.

Talvez uma das aplicações potencialmente mais significativas da modelação difusa seja na área da descrição da opinião subjectiva. Em geral, um indivíduo não tem necessariamente uma opinião clara sobre uma determinada questão, mas sente-se mais forte em relação a algumas alternativas do que a outras. Neste sentido, a opinião subjectiva de um indivíduo sobre uma determinada questão pode ser descrita por uma variável difusa.

CAPÍTULO-3

ESTUDO SOBRE SISTEMAS POSBISTAS

[O conteúdo deste capítulo foi recolhido de Study on posbits systems de

Subarna Bhattacharjee[2003]].

1. INTRODUÇÃO

A análise da fiabilidade estrutural difere em muitos aspectos importantes da análise da fiabilidade praticada, por exemplo, nas indústrias eletrónica e aeroespacial, apesar de a natureza probabilística subjacente aos problemas ser a mesma. É útil compreender claramente estas diferenças, que serão discutidas mais adiante. Ambos os ramos se desenvolveram a partir da teoria clássica da fiabilidade - um tema que evoluiu em resultado da necessidade crescente de sistemas electrónicos fiáveis durante a década de 1940, inicialmente para aplicações militares.

Teoria da fiabilidade estrutural e suas aplicações Teoria da fiabilidade estrutural e suas aplicações.

É sabido que a teoria convencional da fiabilidade se baseia em dois pressupostos fundamentais [Barlow e Proschan 1981]:

(A) Pressuposto de probabilidade: o comportamento do sistema (falha) pode ser totalmente caracterizado no contexto da medida de probabilidade.

(B) Pressuposto de estado binário: o significado de falha do sistema é definido com exatidão e, por conseguinte, em qualquer momento o sistema encontra-se num dos dois estados nítidos - estado de pleno funcionamento e estado de falha total.

Mas há casos em que um ou ambos os pressupostos precisam de ser modificados. Os pressupostos alternativos são :

(A') Pressuposto de possibilidade: O comportamento de falha do sistema pode ser totalmente caracterizado no contexto da medida de possibilidade.

(B') Pressuposto de estado difuso: Em qualquer altura, o sistema pode estar, em certa medida, num de dois estados difusos - estado de sucesso difuso e estado de falha difuso. Isto significa que a falha do sistema não é definida com exatidão, mas de uma forma difusa.

É também designada por teoria da fiabilidade PROBIST, uma vez que se baseia no pressuposto da probabilidade e do estado binário. Os sistemas estudados no contexto da teoria da fiabilidade probista são designados por sistemas probistas. Embora estes dois pressupostos tenham sido aceites nas últimas décadas (desde os anos 50) e pareçam razoáveis em casos extensos, tem sido fortemente argumentado que já não o são numa gama mais vasta de casos [Zadeh [1965]. Em consequência, foram desenvolvidas e discutidas na literatura três formas de teoria da fiabilidade difusa [Cai 1965]:

(1) **PROFUST:** teoria da fiabilidade - baseada no pressuposto da PROBABILIDADE e no pressuposto do ESTADO FUZZY.

(2)**POSBIST:** teoria da fiabilidade - baseada no pressuposto da POSSIBILIDADE e no pressuposto do ESTADO BINÁRIO.

(3)**PROFUST:** teoria da fiabilidade - baseada no pressuposto da POSSIBILIDADE e no pressuposto do ESTADO FUZZY.

(4) **FIABILIDADE CONVENCIONAL:** a teoria é considerada como uma teoria de fiabilidade PROBISTA baseada no pressuposto da PROBABILIDADE e no pressuposto do ESTADO BINÁRIO.

Para clarificar o conceito de fuzziness, [Nahmias1978] propôs um quadro teórico baseado numa variável fuzzy análoga à variável aleatória no modelo de espaço amostral da teoria das probabilidades. Considerando os tempos de vida como variáveis difusas, [Kai-Yuan 1991] derivou as funções de distribuição de possibilidade de um sistema em série de dois componentes e de um sistema paralelo de dois componentes sob o estado binário pressuposto. Cross considerou o problema da avaliação de redes cliente-servidor como sistemas aninhados k-fora-de-n ($1 \leq k \leq n$) com perfis de fiabilidade difusos. Huang 2004] forneceu uma nova técnica, designada por análise de árvore de falhas, para caraterizar a falha de um sistema positivo.

2. Conceitos básicos da Teoria da Confiabilidade Posbista

O conceito da teoria da fiabilidade posbista é introduzido em [Kai-Yuan et al 1981]. Uma vez que o pressuposto de estado binário é reservado, a falha de um sistema (ou componente) é definida com precisão e o tempo de vida do sistema, denotado por X, é calculado a partir do instante em que o sistema começa a funcionar até ao instante em que o sistema falha. No entanto, uma vez que o pressuposto de possibilidade é adotado, o instante de ocorrência da falha do sistema é caracterizado no contexto da medida de possibilidade. O os tempos de vida de um sistema posbista e dos seus componentes são considerados como variáveis difusas de valor real não negativo.

As definições são retiradas de [Kai-Yuan 1981] e [Nahmias 1981] explora um possível quadro axiomático análogo ao modelo de espaço de amostragem da teoria das probabilidades, a partir do qual se pode construir uma teoria rigorosa da imprecisão, como se indica a seguir.

Seja Γ um espaço abstrato de elementos genéricos $\gamma \in \Gamma$. A construção efectiva de Γ dependerá do problema específico que está a ser modelado, da mesma forma que a construção do espaço de amostragem em probabilidade depende da experiência aleatória específica.

Definição 1. Suponha-se que G é a topologia discreta sobre Γ (isto é, a classe de todos os subconjuntos de Γ). Um escalar σ, definido sobre G, satisfaz os seguintes axiomas:

$(i)\sigma(\phi) = 0, \sigma(\Gamma) = 1;$
$(ii)\sigma(\cup A_\alpha) = \sup \sigma(A_\alpha)$ para qualquer coleção arbitrária de conjuntos A_α em g.

O tripleto (Γ, g, σ) é designado por espaço de padrões.

Definição 2. Uma variável fuzzy X é uma função de valor real definida num espaço de padrões (Γ,g, σ).

Definição 3. A função de distribuição de possibilidades de uma variável difusa X, denotada por $\mu_X(x)$, é um mapeamento de R para o intervalo unitário [0, 1] e é dada por

$$\mu_X(x) = \sigma(\gamma : X(\gamma) = x) \qquad \forall x \in R.$$

Além disso, diz-se que X é normal (respetivamente, convexo ou estritamente convexo) se o conjunto difuso $\{(x, \mu_X(x)) : x \in R^+\}$ for normal (respetivamente, convexo ou estritamente convexo).

Definição 4. Dado um espaço de padrões (Γ, g, σ), diz-se que os conjuntos $A_1, A_2, \ldots, A_n \subset g$ são mutuamente não relacionados se

$$\sigma\left(A_{i_1} \cap A_{i_2} \cap \ldots A_{i_k}\right) = \min\left(\sigma\left(A_{i_1}\right), \sigma\left(A_{i_2}\right), \ldots, \sigma\left(A_{i_k}\right)\right), for 1 \le i_1 \ne i_2 \ne \ldots \ne i_k \le n \text{ e } 1 \le k$$

$\le n$.

Definição 5. Dado um espaço de padrões (Γ, g, σ), diz-se que as variáveis fuzzy $X_1, \ldots, X_n$ são mutuamente não relacionadas se os conjuntos $\{X_{i_1} = x_1\}, \ldots, \{X_{i_k} = x_k\}$ são não relacionados para $x_1, \ldots, x_k \in R$ sempre que $1 \le i_1 \ne i_2 \ne \ldots \ne i_k \le n$ e $1 \le k \le n$.

O tempo de vida de um sistema posbista (componente posbista) é uma variável fuzzy de valor real não negativo.

Definição 6. A fiabilidade posicional $R(t)$ de um sistema é a possibilidade de o sistema desempenhar corretamente as suas funções durante um período de exposição predefinido, num determinado ambiente, ou seja,

$$R(t) = \sigma(X > t) = \sup_{u > t} \mu_X(u), t \in R^+$$

Em seguida, enunciam um lema que será utilizado para provar os próximos teoremas na secção seguinte.

Lema7. Para quaisquer conjuntos $A_1, A_2, A_3, ..., A_n$ $with$ $A_i \subseteq A_{i+1} \subseteq R$, i = 1, 2,

$\ldots, , \overline{n-1}$ $\max\left(\min\limits_{1 \leq i \leq n} A_i\right) = \min A_{1,}$.

em que o mínimo de um conjunto é definido como o mínimo por elementos;

ou seja, para $A = \{a_1, ..., a_n\}, \min A = \min\limits_{1 \leq i \leq n} a_i$.

De seguida, apresentam um lema de [Kai-Yuan 1981] que será utilizado na demonstração dos teoremas subsequentes.

Lema 8. Suponha que X é o tempo de vida do sistema definido num espaço de possibilidades (Γ,g, σ). Suponha que X é um espaço estritamente convexo variável difusa com a função de distribuição de possibilidades $\mu_X(x)$ que é contínua. Então existe um ponto único, digamos x_0 (finito ou infinito), tal que

$$\sup_{u \geq x} \mu_X(u) = \begin{cases} \mu_X(x_0), x \leq x_0 \\ \mu_X(x), x > x_0 \end{cases}$$

3. A Função de Distribuição de Possibilidades dos sistemas Posbistas

O teorema seguinte dá a função de distribuição de possibilidades de um sistema 2 em 3 em termos das funções dos componentes, o que generaliza o trabalho de Kai-Yuan et al.[1981] que dá a distribuição de possibilidades de um sistema paralelo com dois componentes.

Teorema 9

Para um sistema 2 em 3, seja X_j o tempo de vida do componente j, $j=1,2,3$.

Assume-se que X_j é uma variável difusa normada não relacionada e estritamente convexa com a correspondente função de distribuição de possibilidades contínua $\mu_{X_j}(x), j=1,2,3$. Seja X o tempo de vida do sistema .

Então existe um conjunto de números reais únicos $\{a_1,a_2,a_3\}, a_i \in R^+$ para i=1,2,3 tal que a função de distribuição de possibilidades de X , denotada por $\mu_X(x)$ é dada por

$$
\mu_X(x) = \begin{cases}
\min\{\mu_{X_1}(x),\mu_{X_2}(x),\mu_{X_3}(x)\} & \text{if } x \leq a_1 \leq a_2 \leq a_3 \\
\min\{\mu_{X_2}(x)\mu_{X_3}(x)\} & \text{if } a_1 < x \leq a_2 \leq a_3 \\
\max\{\min(\mu_{X_2}(x)\mu_{X_3}(x)),\min(\mu_{X_1}(x)\mu_{X_3}(x))\} & \text{if } a_1 \leq a_2 < x \leq a_3 \\
\max\{\min(\mu_{X_2}(x)\mu_{X_3}(x)),\min(\mu_{X_1}(x)\mu_{X_3}(x)), \\
\min(\mu_{X_1}(x)\mu_{X_2}(x))\} & \text{if } a_1 \leq a_2 \leq a_3 < x
\end{cases}
$$

Prova.

$$
\begin{aligned}
\mu_X(x) &= \sigma(X = x) \\
&= \sigma(at\,least\,two\,of\,X_1,X_2,X_3 = x) \\
&= \sigma\big[\{X_1 = x, X_2 = x, X_3 = x\} \cup \{X_1 = x, X_2 = x, X_3 \leq x\} \\
&\quad \cup \{X_1 = x, X_3 = x, X_2 \leq x\} \cup \{X_3 = x, X_2 = x, X_1 \leq x\}\big] \\
&= \max\big[\sigma\{X_1 = x, X_2 = x, X_3 = x\}, \sigma\{X_1 = x, X_2 = x, X_3 \leq x\}, \\
&\quad \sigma\{X_1 = x, X_3 = x, X_2 \leq x\}, \sigma\{X_3 = x, X_2 = x, X_1 \leq x\}\big]
\end{aligned}
$$

Agora para

$1 \leq i \neq j \neq k \leq 3,$

$$\sigma\left[\{X_i = x, X_j = x, X_k \leq x\}\right] = \min\left\{\sigma(X_i = x), \sigma(X_j = x), \sigma(X_k \leq x)\right\}$$
$$= \min\left[\mu_{X_i}(x), \mu_{X_j}(x), \sup_{u \leq x}\mu_{X_k}(u)\right]$$

and

$$\sigma\left[\{X_1 = x, X_2 = x, X_3 \leq x\}\right] = \min\left\{\sigma(X_1 = x), \sigma(X_2 = x), \sigma(X_3 \leq x)\right\}$$
$$= \min\left[\mu_{X_1}(x), \mu_{X_2}(x), \mu_{X_3}(x)\right]$$

without loss of generality, they assume that $a_1 \leq a_2 \leq a_3$. It is to be noted that, for i=1,2,3,

$$\sup_{u \leq x}\mu_{X_i}(u) = \begin{cases} \mu_{X_i}(x) & \text{if } x \leq a_i \\ 1 & \text{if } x > a_i \end{cases}$$

Then, for $x \leq a_1$, equation (6) gives

$$\mu_X(x) = \min\left(\mu_{X_1}(x), \mu_{X_2}(x), \mu_{X_3}(x)\right).$$

If $a_1 < x \leq a_2$, we have, for $i \neq j \neq k$ and $k = 2,3,$

$$\sigma\left[\{X_i = x, X_j = x, X_k \leq x\}\right] = \min\left\{\mu_{X_1}(x), \mu_{X_2}(x), \mu_{X_3}(x)\right\}$$

whereas

$$\sigma\left[\{X_2 = x, X_3 = x, X_1 \leq x\}\right] = \min\left\{\mu_{X_2}(x), \mu_{X_3}(x)\right\}.$$

Combining all these observations, equation (6) gives

$$\mu_X(x) = \max\left\{\min\left(\mu_{X_1}(x), \mu_{X_2}(x), \mu_{X_3}(x)\right), \min\left(\mu_{X_2}(x), \mu_{X_3}(x)\right)\right\}$$
$$= \min\left(\mu_{X_2}(x), \mu_{X_3}(x)\right).$$

$1 \leq i \neq j \neq k \leq 3,$

$$\sigma\Big[\{X_i = x, X_j = x, X_k \leq x\}\Big] = \min\big\{\sigma(X_i = x), \sigma(X_j = x), \sigma(X_k \leq x)\big\}$$

$$= \min\Big[\mu_{X_i}(x), \mu_{X_j}(x), \sup_{u \leq x}\mu_{X_k}(u)\Big]$$

and

$$\sigma\Big[\{X_1 = x, X_2 = x, X_3 \leq x\}\Big] = \min\big\{\sigma(X_1 = x), \sigma(X_2 = x), \sigma(X_3 \leq x)\big\}$$

$$= \min\Big[\mu_{X_1}(x), \mu_{X_2}(x), \mu_{X_3}(x)\Big]$$

without loss of generality, they assume that $a_1 \leq a_2 \leq a_3$. It is to be noted that, for $i = 1, 2, 3,$

$$\sup_{u \leq x}\mu_{X_i}(u) = \begin{cases} \mu_{X_i}(x) & \text{if } x \leq a_i \\ 1 & \text{if } x > a_i \end{cases}$$

Then, for $x \leq a_1,$ equation (6) gives

$$\mu_X(x) = \min\big(\mu_{X_1}(x), \mu_{X_2}(x), \mu_{X_3}(x)\big).$$

If $a_1 < x \leq a_2,$ we have, for $i \neq j \neq k$ and $k = 2, 3,$

$$\sigma\Big[\{X_i = x, X_j = x, X_k \leq x\}\Big] = \min\big\{\mu_{X_1}(x), \mu_{X_2}(x), \mu_{X_3}(x)\big\}$$

whereas

$$\sigma\Big[\{X_2 = x, X_3 = x, X_1 \leq x\}\Big] = \min\big\{\mu_{X_2}(x), \mu_{X_3}(x)\big\}.$$

Combining all these observations, equation (6) gives

$$\mu_X(x) = \max\big\{\min\big(\mu_{X_1}(x), \mu_{X_2}(x), \mu_{X_3}(x)\big), \min\big(\mu_{X_2}(x), \mu_{X_3}(x)\big)\big\}$$

$$= \min\big(\mu_{X_2}(x), \mu_{X_3}(x)\big).$$

hence proved.

É interessante notar que a função de distribuição de possibilidades dada no Teorema 9 para um sistema k-de-n só é verdadeira quando $k < n$. Para $k = n,$ o teorema é enunciado a seguir, que generaliza o trabalho de Kai-Yuan et al. [1981] que dá a distribuição de possibilidades de um sistema em série com duas componentes. A prova é omitida por razões de brevidade.

Teorema-10

Para um sistema em série, seja X_j o tempo de vida do j-ésimo componente.

Suponha-se que X_j's são variáveis difusas normais não relacionadas e estritamente convexas com a correspondente função de distribuição de possibilidades contínuas $\mu_{X_j}(x)$, j = 1, 2, . . . , n.

Seja X o tempo de vida do sistema. Então existe um conjunto de números reais únicos $\{a_1, a_2, ..., a_n\}, a_i \in R^+$ para i=1,2,...,n, tal que a função de distribuição de possibilidades de X, denotada por $\mu_X(x)$,*with*

$$a_1 \leq a_2 \leq ... \leq a_i < x \leq a_{i+1} \leq a_{i+2} \leq ... \leq a_n \ is\ given\ by$$

$$\mu_X(x) = \begin{cases} \min\left\{\mu_{X_j}(x): j=i, i-1, ..., 1\right\} \\ \qquad\qquad if\ 1 \leq i \leq n, \\ \max\left\{\mu_{X_j}(x): j=1, 2, ..., n\right\} \\ \qquad if\ x < a_1 \leq a_2 \leq ... \leq a_n \end{cases}$$

4. propriedades dos sistemas posbistas

Neste capítulo, estudam algumas propriedades dos sistemas posbistas e comparam-nas com os resultados análogos da teoria convencional da fiabilidade. Por razões de brevidade, omitem as provas dos teoremas subsequentes.

Teorema 11. Suponha-se que X_j é uma variável fuzzy normal não relacionada e estritamente convexa que denota o tempo de vida do j-ésimo componente com a correspondente função de distribuição de possibilidade contínua $\mu_{X_j}(x), j = 1, 2, ..., n$.

Sejam os valores do tempo de vida de um sistema k-fora de-n e de um sistema *(k+1)-fora* de-n formado pelos componentes X_j , $j = 1, 2, ..., n$, com as funções de distribuição de possibilidades $\mu_{k:n}(x) \, and \, \mu_{k+1:n}(x)$ respetivamente.

Então, para $a_1 \leq a_2 \leq ... \leq a_i < x \leq a_{i+1} \leq a_{i+2} \leq ... \leq a_n$, tem-se

$$\mu_{k:n}(x) \geq \mu_{k+1:n}(x) \ ,$$

Onde $\{a_1, a_2, ..., a_n\}, a_i \in R^+, i = 1, 2, ..., n,$ é um conjunto único de números reais.

Corolário 12.

Nas condições enunciadas no Teorema 11, segue-se que

$$R_{k:n}(x) \geq R_{k+1:n}(x) \qquad for \, x \in R^+ \ ,$$

Em que $R_{k:n}(x) \, and \, R_{k+1:n}(x)$ denota a fiabilidade pós-bista do sistema *k-fora-de-n* e *(k+1)-fora-de-n*, respetivamente.

Teorema 13.

A fiabilidade de um sistema k-de-n com um número arbitrário de componentes idênticos não relacionados entre si coincide com a fiabilidade de um único componente.

Prova.

Denotemos o tempo de vida de um sistema k-de-n por $X_{k:n}$ com os seus componentes com tempo de vida representados por X_i para $i \in \{1, 2, ..., n\}$.

Uma vez que os componentes são idênticos, temos

$$\mu_{X_i}(x) = \mu_{X_j}(x) \qquad \text{for } 1 \le i \ne j \le n \ .$$

Decorre do Teorema 9 e da Definição 6 que

$$\mu_{X_{k:n}}(x) = \mu_{X_i}(x), \qquad \text{for } i \in \{1,2,...,n\} \ .$$

Assim, a fiabilidade do sistema $R_{k:n}(x)$ de um sistema k-de-n é dada por

$$\begin{aligned}
R_{k:n}(x) &= \sigma(X_{k:n} > x) \\
&= \sup_{u>x} \mu_{X_{k:n}}(u) = \sup_{u>x} \mu_{X_i}(u) \ . \\
&= R_i(x)
\end{aligned}$$

Isto completa a prova.

Observação 14. A fiabilidade de um sistema k-fora-de-n constituído por um número arbitrário de componentes idênticos não relacionados não se altera com a adição de um componente idêntico, contrariamente à teoria convencional da fiabilidade.

Do mesmo modo, dão os resultados para o sistema n-out-of-n (sistema em série com n componentes) utilizando o Teorema 10.

Teorema 15. A fiabilidade de um sistema n-de-n de componentes idênticos não relacionados coincide com a fiabilidade de um único componente.

Observação 16. A fiabilidade de um sistema n-de-n de componentes idênticos não relacionados não se altera com a adição de um componente idêntico, contrariamente à teoria convencional da fiabilidade.

Na fiabilidade convencional, a fiabilidade de um sistema paralelo aumenta monotonicamente com o número de componentes nele contidos, enquanto a fiabilidade de um sistema em série diminui monotonicamente com o número de componentes nele contidos. Mas isto pode não ser verdade no caso da fiabilidade posbista.

Observações finais

O trabalho efectuado sobre os diferentes sistemas pós-blindados pode ser concluído nos seguintes pontos

(i)As funções de distribuição de possibilidades dos sistemas 1-em-2 e 2-em-2

 (cf. Kai-Yuan) podem ser obtidas a partir das funções de distribuição de possibilidades de sistemas k-fora-de-n e n-fora-de-n utilizando k=1 e n=2.

(ii)Na teoria da fiabilidade posbista, a função de distribuição de possibilidades e, por conseguinte, a função de fiabilidade de um sistema em série, ou seja, um sistema n-out-of-n, não pode ser obtida a partir da função de distribuição de possibilidades de um sistema k-out-of -n utilizando $k=n$, enquanto que na teoria da fiabilidade convencional, a função de fiabilidade de um sistema n-out-of-n pode ser obtida como um caso especial a partir da função de fiabilidade de um sistema k-out-of-n.

CAPÍTULO-4

APLICAÇÕES DA TEORIA DOS CONJUNTOS DIFUSOS

[O conteúdo deste capítulo foi recolhido da aplicação da teoria dos conjuntos difusos por H-J. Ziemmermann [1980]].

APLICAÇÕES DA TEORIA DOS CONJUNTOS DIFUSOS

É de salientar que "aplicações" nesta análise significam aplicações da teoria dos conjuntos difusos a outras teorias ou técnicas formais e não a problemas reais.

As aplicações da teoria dos conjuntos difusos já podem ser encontradas em muitos domínios diferentes. Poder-se-ia provavelmente classificar essas aplicações da seguinte forma:

1. aplicações à matemática, ou seja, generalizações da matemática tradicional, como a topologia, a teoria dos grafos, a álgebra, a lógica, etc.

2. aplicações a algoritmos, tais como métodos de agrupamento, algoritmos de controlo, programação matemática, etc.

3. aplicações a modelos normalizados, tais como "o modelo de transporte", "modelos de controlo de inventário", "modelos de manutenção", etc.

4. e, finalmente, aplicações a problemas do mundo real de diferentes tipos.

Lógica difusa, raciocínio aproximado e raciocínio plausível

As lógicas como bases de raciocínio podem ser distinguidas essencialmente por três itens neutros em termos de tópicos: valores de verdade, vocabulário (operadores) e procedimentos de raciocínio (tautologias, silogismos). Na lógica dual, os valores de verdade podem ser "verdadeiro" (1) ou "falso" (0) e os operadores são definidos através de tabelas de verdade.

A e B representam duas frases ou afirmações que podem ser verdadeiras (1) ou falsas (0). Estas frases podem ser combinadas através de operadores. Os valores de verdade das afirmações combinadas são apresentados nas colunas sob os respectivos operadores "e", "ou inclusivo", "ou exclusivo", implicação e assim por diante. Assim, os valores de verdade nas colunas definem os respectivos operadores.

Considerando o *modus ponens* como uma tautologia:

$$\left(A \wedge \left(A \Rightarrow B\right)\right) \Rightarrow B \quad .$$

Ou:

Premissa: *A* é verdadeira

Implicação: Se *A* então *B*

Conclusão: *B* é verdadeira.

Neste caso, estão a ser feitas quatro suposições:

1. *A* e *B* são nítidos.

2. *A* na premissa é idêntica a *A* na implicação.

3. Verdadeiro= absolutamente verdadeiro

   Falso = absolutamente falso.

4. Existem apenas dois quantificadores: 'Todos' e 'Existe pelo menos um caso'.

TABELA-1(Tabela-verdade da lógica dual)

A	*B*	$\wedge$	$\vee$	x $\vee$	$\Rightarrow$	$\Leftrightarrow$

1	1	1	1	0	1	1
1	0	0	1	1	0	0
0	1	0	1	1	1	0
0	0	0	0	0	1	1

Na lógica difusa, os valores de verdade já não estão limitados aos dois valores "verdadeiro" e "falso". Além disso, no raciocínio aproximado, as afirmações A e/ou B podem ser conjuntos difusos.

No *raciocínio plausível,* o *A* na premissa não tem de ser idêntico (mas semelhante) ao A na implicação. Em todas as formas de raciocínio difuso, as implicações podem ser modeladas de muitas maneiras diferentes. A mais adequada pode ser avaliada empiricamente ou axiomaticamente. Naturalmente, os modelos para as implicações também podem ser escolhidos tendo em conta a sua eficiência computacional (o que não garante que tenha sido escolhido o modelo correto para um determinado contexto).

Sistemas Fuzzy Baseados em Regras (Sistemas Periciais Fuzzy e Controlo Fuzzy)

Os sistemas baseados no conhecimento são sistemas informáticos, normalmente destinados a apoiar decisões, em que os algoritmos matemáticos são substituídos por uma base de conhecimentos e um motor de inferência. A base de conhecimentos contém conhecimentos de exportação. Existem diferentes formas de adquirir e armazenar conhecimentos especializados. A forma mais frequentemente utilizada para armazenar estes conhecimentos são as regras "se-então". Estas são então consideradas como declarações "lógicas", que são processadas no motor de inferência para obter uma conclusão ou decisão. Em geral, estes sistemas são designados por "sistemas periciais". Os sistemas periciais clássicos processavam os valores de verdade das afirmações. Assim, na realidade, não processavam conhecimento mas sim símbolos. Na década de 1970, as regras estritas da base de conhecimentos foram substituídas por afirmações difusas, que continham semanticamente o contexto das regras. Naturalmente, o motor de inferência teve de ser substituído por um sistema capaz de inferir a partir de afirmações difusas. Este sistema será aqui designado por "unidade computacional". As primeiras aplicações, muito bem sucedidas, destes sistemas foram na engenharia de controlo. Foram, por isso, designados por "controladores difusos".

A entrada para estes sistemas era numérica (medidas da saída do processo) e tinha de ser transformada em afirmações difusas (conjuntos difusos), o que se designou por "fuzzificação". Esta entrada, juntamente com as afirmações difusas da base de regras, era então processada na unidade computacional, que fornecia novamente conjuntos difusos como saída.

Uma vez que os resultados se destinavam a controlar processos, tinham de ser novamente transformados em números reais. Este processo foi designado por "defuzzificação". Esta é uma diferença em relação aos sistemas periciais fuzzy, que se destinam a substituir ou apoiar os peritos humanos. Por conseguinte, os resultados devem ser linguísticos e, em vez de se proceder à "defuzzificação" no final, estes sistemas utilizam a "aproximação linguística" para fornecer resultados fáceis de utilizar. Foram desenvolvidos vários métodos de fuzzificação, inferência e defuzzificação e, no início da década de 1980, foram colocados no mercado os primeiros sistemas comerciais (controlo de câmaras de vídeo, fornos de cimento, máquinas fotográficas, máquinas de lavar roupa, etc.).

Este desenvolvimento teve início principalmente no Japão e espalhou-se depois pela Europa e pelos Estados Unidos. O interesse pela teoria dos conjuntos difusos aumentou enormemente, de tal modo que na Europa se falava de um "boom difuso" por volta de 1990. No entanto, a investigação e o desenvolvimento no domínio do controlo difuso continuam a decorrer até hoje.

Extração de dados difusos

Com o desenvolvimento do processamento eletrónico de dados, cada vez mais dados estavam disponíveis eletronicamente. Isto levou a uma situação em que a massa de dados, por exemplo em armazéns de dados, excedeu as capacidades humanas de reconhecer estruturas importantes nesses dados. Os métodos clássicos de "extração de dados", como as técnicas de agregação, etc., estavam disponíveis, mas muitas vezes não correspondiam às necessidades. As técnicas de agrupamento, por exemplo, pressupunham que os dados podiam ser subdivididos de forma clara em agrupamentos, o que não se adequava às estruturas que existiam na realidade. A teoria dos conjuntos difusos parecia oferecer boas oportunidades para melhorar os conceitos existentes. Bezdek[1981] foi um dos primeiros a desenvolver métodos de agrupamento difusos com o objetivo de procurar uma estrutura nos dados para reduzir a complexidade e fornecer dados para o controlo e a tomada de decisões. Foram seguidas diferentes abordagens: abordagens hierárquicas, abordagens heurísticas semi-formais e agrupamento por função objetivo. Uma vez que a área da extração (inteligente) de dados se torna cada vez mais importante, é de esperar o desenvolvimento de mais métodos difusos nesta área.

Decisões difusas

Na lógica da tomada de decisão, uma decisão é definida como a escolha de uma ação (viável) através da qual a função de utilidade é maximizada. Por conseguinte, é a procura de uma ação ou estratégia óptima *e* viável. A viabilidade é definida pela enumeração das acções viáveis ou por restrições que definem o espaço de viabilidade. O espaço de viabilidade não está ordenado em relação à utilidade e a utilidade ou função objetivo define uma ordem neste espaço. Por conseguinte, o problema não é simétrico.

O problema torna-se mais complicado se existirem várias funções objetivo (várias ordens no mesmo espaço). Este facto conduz ao domínio da "análise multicritério". Esta área tem crescido muito desde os anos 70, tendo sido sugeridas muitas abordagens para resolver problemas com várias funções objetivo. Em todas estas abordagens, as funções objetivo foram consideradas como sendo de valor real e as acções como sendo definidas de forma clara.

Para o caso de a função objetivo ou as restrições não estarem claramente definidas, Bellman e Zadeh sugeriram em 1970 o seguinte modelo simétrico:

Definição 19

Seja $\mu_{C_i}, i = 1,...,m$ as funções de filiação das restrições em X, definindo o espaço de decisão e $\mu_{C_j}, j = 1,...,n$ as funções de filiação das funções de objetivo (utilidade) ou metas em X.

Uma decisão é então definida pela sua função de filiação

$$\mu_D = \left(\mu_{C_1} * ... * \mu_{C_m} \right) \times \left(\mu_{G_1} * ... * \mu_{G_n} \right)$$
$$= *i\, \mu_{C_i} \times *j\, \mu_{G_j}$$

Onde $\times, *$ denota 'agregadores' (conectivos) apropriados, possivelmente dependentes do contexto.

A interpretação mais frequente de $\times, *$ *é o operador mínimo*. Deve ser claro que a intersecção das funções objetivo e das restrições (denominada 'decisão') é novamente um conjunto difuso. Se for necessária uma decisão precisa, poder-se-ia, por exemplo, determinar a solução que tem o maior grau de pertença a este conjunto difuso. Chamemos a esta solução a "solução maximizadora". Esta definição complicou e facilitou o modelo clássico ao mesmo tempo: facilitou o modelo ao sugerir um modelo simétrico em vez de um modelo assimétrico.

Esta situação complicou o problema, porque agora, para determinar a ação óptima, era necessário comparar e classificar não os números reais (da função de utilidade de valor real) mas as funções (as funções de filiação dos números difusos).

Este último problema deu origem a muitas publicações que se centraram na classificação de números difusos. A simetria do modelo conduziu a abordagens muito eficazes no domínio da "tomada de decisões multi-objetivo", ou seja, na programação matemática multi-objetivo, em que várias funções-objetivo contínuas têm de ser optimizadas sujeitas a restrições. De facto, a programação matemática pode ser considerada como um caso especial de decisões na lógica da tomada de decisões. Este aspeto será analisado com mais pormenor na secção seguinte. Para decisões difusas em várias fases.

Otimização Fuzzy

A otimização difusa já foi abordada brevemente na secção *Análise difusa*. Aqui, concentrar-se-ão na "otimização condicionada", que é geralmente designada por "programação matemática". Mostrará muito claramente o potencial da aplicação da teoria dos conjuntos difusos às técnicas clássicas. Vamos analisar a versão mais fácil, mais desenvolvida e mais frequentemente utilizada, a programação linear. Esta pode ser definida da seguinte forma:

Definição 20 *Modelo de programação linear:*

$$\max f(x) = z = c^T x$$
$$s.t. \, Ax \leq b$$
$$x \geq 0$$
$$with \, c, x \in R^n, b \in R^m, A \in R^{m \times n}$$

Neste modelo, assume-se normalmente que todos os coeficientes de A, b e c são números reais (estanques), que '$\leq$' é entendido num sentido estanque e que 'maximizar' é um imperativo estrito. Isto também implica que a violação de uma única restrição torna a solução inviável e que todas as restrições têm a mesma importância (peso). Em termos estritos, trata-se de pressupostos pouco realistas, que são parcialmente flexibilizados na programação linear difusa.

Se assumirem que a decisão LP tem de ser tomada em ambientes difusos, existe um grande número de modificações possíveis. Em primeiro lugar, o decisor pode não querer realmente maximizar ou minimizar a função objetivo.

Em vez disso, pode querer atingir alguns níveis de aspiração que podem nem sequer ser definidos de forma clara. Assim, pode querer "melhorar consideravelmente a situação atual em termos de custos", e assim por diante. Em segundo lugar, as restrições podem ser vagas de uma das seguintes maneiras: o sinal "$\leq$" pode não ser entendido no sentido estritamente matemático, mas violações menores podem ser aceitáveis. Isto pode acontecer se os constrangimentos representarem níveis de aspiração, tal como referido anteriormente, ou se, por exemplo, representarem exigências sensoriais (gosto, cor, cheiro, etc.) que não podem ser adequadamente aproximadas por um constrangimento estanque. Naturalmente, os coeficientes dos vectores b ou c ou da própria matriz A podem ter um carácter difuso, quer porque são difusos por natureza, quer porque a sua perceção é difusa.

Finalmente, o papel dos condicionalismos pode ser diferente do da programação linear clássica, em que todos os condicionalismos têm o mesmo peso. Para o decisor, as restrições podem ter uma importância diferente ou as possíveis violações de diferentes restrições podem ser aceitáveis para ele em diferentes graus. A programação linear difusa oferece várias maneiras de permitir todos esses tipos de imprecisão e discutiremos algumas delas a seguir. Se se partir do princípio de que o decisor pode estabelecer um nível de aspiração, z, da função objetivo, que pretende atingir tanto quanto possível e se as restrições deste modelo puderem ser ligeiramente violadas - sem causar a inviabilidade da solução - então o modelo pode ser escrito da seguinte forma find x

$s.t. c^T x \geq z$

$Ax \leq b$

$x \geq 0$

Aqui $\leq$ designa a versão fuzzificada de $\leq$ e tem a interpretação linguística "essencialmente menor ou igual". $\geq^{\sim}$ designa a versão fuzzificada de $\geq$ e tem a interpretação linguística "essencialmente maior ou igual". A função objetivo pode ter de ser escrita como um objetivo de minimização para considerar z como um limite superior. Obviamente, o modelo de programação linear assimétrico foi agora transformado num modelo simétrico.

Para tornar este facto ainda mais visível, reescreverão o modelo como

Find x

$Bx \leq d$.

$x \geq 0$

O conjunto fuzzy "decisão" D é então

$$\mu_D(x) = \min_{i=1,\ldots,m+1} \{\mu_i(x)\} \ .$$

$\mu_i(x)$ pode ser interpretado como o grau em que x preenche (satisfaz) a desigualdade difusa $B_i x \leq d_i$ (em que B_i denota a i-ésima linha de B). Partindo do princípio de que o decisor não está interessado num conjunto difuso mas sim numa solução "maximizadora", poderia sugerir a "solução maximizadora", que é a solução para o problema de programação possivelmente não linear

$$\max_{x\geq 0}\ \min_{i=1,\ldots,m+1}\left\{\mu_i\left(x\right)\right\}=\max_{x\geq 0}\mu_D\left(x\right)\ \ .$$

As funções de afiliação parecem adequadas.

$$\mu_i\left(x\right)=\begin{cases}1 & \text{if } B_i x \leq d_i \\[2mm] 1-\dfrac{B_i x - d_i}{p_i} & \text{if } d_i < B_i x \leq d_i + p_i, i=1,\ldots,m+1 \\[2mm] 0 & \text{if } B_i x > d_i + p_i\end{cases}\ ,$$

As p_i são constantes subjetivamente escolhidas de violações admissíveis das restrições e da função objetivo. Substituindo estas funções de filiação no modelo, obtém-se, após alguns rearranjos e com alguns pressupostos adicionais

$$\max_{x\geq 0}\ \min_{i=1,\ldots,m+1}\left\{1-\frac{B_i x - d_i}{p_i}\right\}\ \ .$$

Introduzindo uma nova variável, λ, que corresponde essencialmente ao grau de pertença de x ao conjunto fuzzy decisão, obtemos

$$\max \lambda$$
$$\lambda p_i + B_i\left(x\right) \leq d_i + p_i, i=1,\ldots,m+1$$
$$x \geq 0$$

Uma versão ligeiramente modificada deste modelo resulta se as funções de filiação forem definidas da seguinte forma: uma variável $t_i, i=1,\ldots,m+1, 0 \leq t_i \leq p_i$ é então

$$\mu_i\left(x\right)=1-\frac{t_i}{p_i}$$

O modelo equivalente estaladiço é então

$$\max \lambda$$
$$s.t.\ \lambda p_i + t_i \leq p_i$$
$$B_i x - t_i \leq d_i, i = 1,\ldots,m+1$$
$$t_i \leq p_i$$
$$x, t \geq 0$$

Trata-se de um modelo normal de programação linear estanque para o qual existem métodos de solução muito eficazes. A principal vantagem, em comparação com a formulação do problema não difuso, é o facto de o decisor não ser forçado a uma formulação precisa devido a razões matemáticas, embora possa apenas poder ou querer descrever o seu problema em termos difusos. As funções de afiliação lineares são obviamente apenas uma aproximação muito grosseira. As funções de afiliação que

aumentam ou diminuem monotonicamente, respetivamente, no intervalo de $[d_i, d_i + p_i]$ também podem ser tratados com bastante facilidade.

Deve também ser observado que o pressuposto clássico de igual importância das restrições foi relaxado: o declive das funções de filiação determina o 'peso' ou a importância da restrição. Os declives, no entanto, são determinados pelo p_i. Quanto mais pequeno for, maior é a importância da restrição. Para $p_i = 0$, a restrição torna-se nítida, ou seja, não é permitida qualquer violação. Devido à simetria do modelo, é muito fácil acrescentar funções objetivo adicionais, o que resolve o problema da tomada de decisões multi-objetivo. Uma vez que se trata de um modelo estanque, as restrições estanques existentes também podem ser adicionadas facilmente. Até à data, foram feitas duas grandes suposições para chegar a "modelos equivalentes" que podem ser resolvidos eficientemente por métodos LP normais:

1. Foram assumidas funções de afiliação lineares para todos os conjuntos fuzzy envolvidos.

2. A utilização do operador mínimo para a agregação de conjuntos fuzzy foi considerada adequada.

re1 As funções de afiliação lineares utilizadas até agora podem ser todas definidas fixando dois pontos, os níveis de aspiração superior e inferior ou os dois limites do intervalo de tolerância. A forma óbvia de lidar com funções de afiliação não lineares é provavelmente aproximá-las por partes através de funções lineares.

re2 Como já foi referido anteriormente, o min-operador modela nem sempre o verdadeiro significado do 'linguístico e'.

Por conseguinte, o modelador pode querer utilizar outros operadores. A eficiência computacional, através da qual o problema pode então ser resolvido, depende apenas do tipo de modelo equivalente estaladiço, por exemplo, se é linear ou não linear, e isso depende da combinação do tipo de função de afiliação e do operador utilizado no modelo difuso. O quadro seguinte apresenta estas combinações possíveis e o tipo de modelo equivalente estaladiço resultante.

Função de afiliação	Operador	Modelo
Linear	Mínimo	LP
Logística	Mínimo	LP
Hiperbólico	Mínimo	LP
Linear	$\gamma\min+(1-\gamma)\max$	MILP
Linear/não linear	Produto	PNL não convexo
Linear/não linear	γ operador	PNL não convexo
Linear	E	LP
Linear	Ou	MILP
Logística	E	PNL com lin. Const.

Com
$$and = \gamma\min(x,y)+(1-\gamma)\frac{1}{2}(x+y)\,and$$
$$or = \gamma\max(x,y)+(1-\gamma)\frac{1}{2}(x+y)$$
.

BIBLIOGRAFIA

[1]Apostel.L [1961]. Estudo da formalidade de modelos em fredenthal. H.(ed.). O conceito e o papel do modelo na matemática e nas ciências naturais e sociais.

[2] Bellman R, Zadeh LA. Decision-making in a Fuzzy Environment. *Manage Sci* 1970, 17:141-154.

[3] Blockley. D.I. [1980]. The nature of structural Design and safety chichester.

[4] Brand.H.W. [1961]. The fecundity of Mathematical methods. Dordrecht.

[5] C. Kai-Yuan, W. Chuan-Yuan, and Z. Ming-Lian, "Posbist reliability behavior of typical systems with two types of failure," *Fuzzy Sets and Systems*, vol. 43, no.1, pp. 17-32, 1991.

[6] C. Kai-Yuan, W. Chuan-Yuan, and Z. Ming-Lian, "Fuzzy variables as a basis for a theory of fuzzy reliability in the possibility context," *Fuzzy Sets and Systems*, vol. 42, no. 2, pp. 145-172, 1991.

[7] C. Kai-Yuan , *Introduction to Fuzzy Reliability*, Kluwer Academic, Norwell, Mass, USA, 1996.

[8] Cao.H., and Chen. G. [1983]. Algumas aplicações de conjuntos fuzzy de previsão meterológica. FSS.9,1-12.

[9] Dubois D, Prade H. Álgebra real difusa: alguns resultados. *Fuzzy Set Syst* 1979, 2:327-348.

[10] Dubois D, Prade H. Rumo ao cálculo diferencial difuso: parte 1: integração de mapeamentos difusos. Parte 2: integração de intervalos difusos. Parte 3: Diferenciação.
Fuzzy Set Syst 1982, 8:1-17; 105-116; 225-233.

[11] Dubois D, Prade H. Uma classe de medidas difusas baseadas em normas triangulares. *Int J Gen Syst* 1982, 8:43-61.

[12] Goguen. J.A., [1967]. L- fuzzy sets. JMAA 18, 145-174.

[13] Goguen. J.A., [1969]. O login de conceitos inexactos, synthese 19,325-373.

[14] Hirota K. Concepts of probabilistic sets. *Fuzzy Set Syst* 1981, 5:31-46.

[15] H. Z. Huang, X. Tong, and M. J. Zuo, "Posbist fault tree analysis of coherent systems," *Reliability Engineering and System Safety*, vol. 84, no. 2, pp. 141-148, 2004.

[16] Kaufmann. Introduction to the Theory of fuzzy subsets , vol. I, (Academic press, New York, 1975; traduzido da edição original francesa de 1973).

[17] L. A. Zadeh, "Fuzzy sets," *Information and Control*, vol. 8, no. 3, pp. 338-353, 1965.

[18] L. A. Zadeh, "Fuzzy sets as a basis for a theory of possibility," *Fuzzy Sets and Systems*, vol. 1, no. 1, pp. 3-28, 1973.

[19] Mamdani .E.H. [1981]. Avanços na síntese linguística de controladores fuzzy. Em Mamdani and Games, 325-334.

[20] Popper, K. The logic of scientific discovery . Londres, 1959.

[21] Russell .B. [1923]. Vagueness. Australasian J.Psychol. Philos. 1. 84-92.

[22] Schwartz. J.[1962]. The pernicious influence of mathematics in science. In nagel, suppes e Tarski logic methodology and philosophy of science stand ford.

[23] S. Bhattacharjee, A. K. Nanda, and S. S. Alam, "Operational research and its applications: recent trends (APORS, 2003)," in *Posbist Reliability of a k-Out-of-n System, Proceedings of the 6th International Conference of the Association of "Asia-Pacific Operational Research Societies" within IFORS (APORS '03)*, M. R. Rao e M. C. Puri, Eds., vol. 1, pp. 223-232, Allied, Nova Deli, 2003.

[24] S. Nahmias, "Fuzzy variables," *Fuzzy Sets and Systems*, vol. 1, no. 2, pp. 97-110, 1978.

[25] Villa, M.A., and Delgado, M.[1983]. Sobre o diagnóstico médico usando medidas de possibilidade. FSS [0,21]-222.

[26] Yager RR. Famílias de operadores OWA. *Fuzzy Set Syst* 1993, 59:125-148.

[27] Yager RR, Kacprzyk J, eds. *The Ordered Weighted Averaging Operators: Theory and Applications*. Boston: Kluwer Academic Publishers; 1997.

[28] Zimmermann H-J. Testability and meaning of mathematical models in social sciences. *Math Modelling* 1980, 1:123-139.

ÍNDICE DE CONTEÚDOS

yes
I want morebooks!

Buy your books fast and straightforward online - at one of world's fastest growing online book stores! Environmentally sound due to Print-on-Demand technologies.

Buy your books online at
www.morebooks.shop

Compre os seus livros mais rápido e diretamente na internet, em uma das livrarias on-line com o maior crescimento no mundo! Produção que protege o meio ambiente através das tecnologias de impressão sob demanda.

Compre os seus livros on-line em
www.morebooks.shop

Printed by Books on Demand GmbH, Norderstedt / Germany